中华生活经典

牡丹谱

【宋】欧阳修　等著
杨林坤　编著

中華書局

图书在版编目(CIP)数据

牡丹谱/(宋)欧阳修等著;杨林坤编著.—北京:中华书局,2011.8(2020.7 重印)

(中华生活经典)

ISBN 978-7-101-08077-3

Ⅰ.牡… Ⅱ.①欧…②杨… Ⅲ.牡丹-观赏园艺 Ⅳ.S685.11

中国版本图书馆 CIP 数据核字(2011)第 131219 号

书　　名	牡丹谱
著　　者	〔宋〕欧阳修等
编 著 者	杨林坤
丛 书 名	中华生活经典
责任编辑	王水涣
出版发行	中华书局
	(北京市丰台区太平桥西里 38 号　100073)
	http://www.zhbc.com.cn
	E-mail:zhbc@zhbc.com.cn
印　　刷	北京瑞古冠中印刷厂
版　　次	2011 年 8 月北京第 1 版
	2020 年 7 月北京第 5 次印刷
规　　格	开本/710×1000 毫米　1/16
	印张 12½　字数 90 千字
印　　数	20001-23000 册
国际书号	ISBN 978-7-101-08077-3
定　　价	32.00 元

目录

前　言

“无双国色，独步天香。”素以“国色天香”、“花中之王”著称的牡丹，是原产于中国的名贵花卉。其绚丽多彩之色，纷繁幻化之形，沁人心脾之香，倾国倾城之姿，雍容华贵之态，艺压群芳，独领风骚，博得了“竟夸天下无双艳，独占人间第一香”的美誉。自盛唐两宋以后，牡丹逐渐被视为国家富强、繁荣昌盛的象征，至清末遂有“国花”之名。同时，牡丹还寄托着普通民众追求富裕尊贵、安泰祥和生活的美好夙愿，又以“富贵花”闻名天下。因此，历代中国人对牡丹都抱有极大的尊崇，倾注极大的热情。每当暮春牡丹开放之时，历史不断地上演“唯有牡丹真国色，花开时节动京城”、“花开花落二十日，一城之人皆若狂”的相同盛况。在这持久骚动与膜拜之风的助推之下，“佳名唤作百花王”的牡丹更以一种王者之姿，渗透于中国的思想、艺术、宗教、政治、经济和社会生活之中，在诗词戏曲、绘画雕刻、建筑装饰、花卉园艺、工巧纹样，乃至人名地名等众多领域都崭露了华丽身姿，成为中国传统文化中追求华美富强、蓬勃兴旺的重要精神象征之一。

一　牡丹的起源与传播

牡丹原产于中国，在我国有着悠久绵长的栽培历史。据说，早在诗歌总集《诗经》中就已经有了把牡丹献给恋人以表达纯真爱情的动人诗句，由此算来，我国栽培牡丹的历史至少就有三千年了。

因外形和花姿较为接近，早期的野生牡丹被混称为芍药。后来，牡丹被称为木芍药，仍然没有完全摆脱芍药的影子。郑樵《通志》云："牡丹初无名，依芍药得名，故其初曰'木芍药'。"牡丹为什么被称为"木芍药"呢？《本草纲目》解释说："以其花似芍药，而宿干似木也。"直到秦汉时期，牡丹才从芍药中分离出来，并在文化史上留下了许多别名和代称。比如，牡丹又被称为鹿韭、花玉鼠姑、百两金、洛阳花、白术、天香国色、富贵花、谷雨花，等等。

其实，牡丹在较长一段时间内都是荒野寂寞独自开，无人问津的。唐人舒元舆曾云："古人言花者，牡丹未尝与焉。盖遁于深山，自幽而芳，不为贵重所知。"他在《牡丹赋》中对牡丹的来历颇有怀疑："焕乎美乎！后土之产物也。使其花之如此而伟乎，何前代寂寞而不闻，今则昌然而大来？"这么绚丽漂亮的珍贵花卉，为什么在唐代之前默默无闻呢？这涉及野生牡丹驯化培育的问题。今人在论及牡丹的早期驯育史时，往往提到北齐画家杨子华和南朝宋著名诗人谢灵运的相关记载，认为在南北朝时牡丹已经闻名于世。

持此论者又多举隋炀帝西苑的例子，云炀帝"辟地周二百里为西苑"，"诏天下境内所有鸟兽草木驿至京师"，"易州（今河北易县）进二十箱牡丹"，其中有"醉妃红"、"先春红"、"延安黄"等著名牡丹品种。然而《海山记》中关于易州向隋炀帝进贡牡丹的说法是不足为信的，极有可能是宋人的杜撰。唐人段成式《酉阳杂俎》中明确指出："隋朝《种植法》七十卷中，初不记说牡丹，则知隋朝花药中所无也。"郑樵《通志》亦云："牡丹晚出，唐始有闻。"明人徐渭《牡丹赋》中说："兹上代之无闻，始绝盛乎皇唐。"另外，唐代类书《艺文类聚》也未收录牡丹。这些证据表明，隋代之前不可能有大规模栽植牡丹的现象发生，只能说存在野生牡丹零星驯化的例子。

牡丹真正以观赏花卉进入人们的视界，应当是在唐代。根据目前史料记载，一般认为牡丹引起唐朝统治阶层重视始于武则天时期。舒元舆《牡丹赋》云："天后之乡西河（今山西汾阳）也，有众香精舍，下有牡丹，其花特异。天后叹上苑之有阙，因命移植焉。由此京国牡丹，日月浸盛。"此后，牡丹从皇宫禁苑，经由仕宦高第，向寻常巷陌传播，牡丹栽培也逐渐兴盛起来。人们把牡丹与武则天联系起来，是非常容易理解的。因为武则天以女流而君临万邦，自然易使人联想到雍容华贵的奇花牡丹。另外，武则天为了给自己登上皇帝之位造舆论，还大量借用了佛教的势力和影响，而牡丹与佛教亦有着千丝万缕的关联，从“曼陀罗花”到“借花献佛”，在唐初佛教的经典和仪轨中都出现了牡丹的身影。因此，唐初政局的变幻和佛教的广泛传播，为牡丹进入寻常百姓家创造了较好的社会条件。

到了唐朝开元年间，牡丹名品迭出，日渐盛于长安和东都洛阳。据李濬《松窗杂录》记载，“开元中，禁中初重木芍药”，“得四本，红、紫、浅红、通白者，上因移植于兴庆池东沉香亭前”。待到禁苑中牡丹花盛开时，唐玄宗李隆基诏杨贵妃共同赏玩，并命李龟年捧金花笺，宣翰林李白进《清平调》词三章。一时间“云想衣裳花想容，春风拂槛露华浓”之句传诵大江南北，成为文坛佳话。开元末，裴士淹奉使幽冀，途经汾州众香寺，偶得一株白牡丹，甚为惊异，遂植于长安私第，这是有关白花牡丹的最早记载。当时，洛阳有一位宋单父擅长种花，被玄宗召至长安，于骊山栽植了一万余本牡丹，红白斗艳，幻化多姿，被世人尊称为花师，表明牡丹栽培技艺有了较大发展。《酉阳杂俎》记载：“兴唐寺有牡丹一窠，元和中着花一千二百朵，其色有正晕、倒晕、浅红、浅紫、紫白、白檀等，独无深红。又有花叶中无抹心者、重台花者，其花面七八寸。”可见唐代的牡丹不仅花色多彩绚丽，花型也愈益繁富，已经出现了复瓣重台牡丹。唐人舒元舆这样描写当时牡丹之盛：“今则自禁闼洎官署，外延士庶之家，弥漫如四渎之流，不知其止息之地。每暮春之月，遨游之士如狂焉。亦上国繁华之一事也。”白居易笔下的《买花》：“帝城春欲暮，喧喧车马度。共道牡丹时，相随买花去。贵贱无常价，酬值看花数。灼灼百朵红，戋戋五束素。上张幄幕庇，旁织笆篱护。水洒复泥封，移来色如故。家家习为俗，人人迷不悟。有一田舍翁，偶来买花处。低头独长叹，此叹无人谕。一丛深色花，十户中人赋。”不仅生动形象地展现了人们对牡丹的痴迷，还能从中看出，由于牡丹价格昂贵，欣赏牡丹成为达官贵人奢侈生活的一种象征，而普通百姓只能望花兴叹。

唐宋之际，伴随着洛阳牡丹的异军突起，中州地区逐渐发展成为北宋时期繁育牡丹的中心，正如欧阳修所云："洛阳地脉花最宜，牡丹尤为天下奇。"那时，北宋西京洛阳栽培和欣赏牡丹已然成为一大社会风尚，"大抵洛人家家有花"，牡丹真正走进了百姓之家，并且出现了一大批专门以繁育牡丹为生的花户，有力推动了牡丹新品种的不断涌现。欧阳修在《洛阳牡丹记》中记载，当时有一位绰号"门园子"的花户，练就一手嫁接牡丹的高超技艺，富豪巨室争相请他嫁接牡丹。张邦基在《墨庄漫录》中也曾记载宋徽宗宣和年间洛阳的一位欧姓花匠，他能用药壅培在白牡丹根下，次年即能开出浅碧色花，极为珍贵，每年皆作为贡品供奉朝廷。在这些花匠和花户的辛勤努力之下，洛阳牡丹的繁育经验得到不断总结，成熟的牡丹花谱著作也相继问世。释仲休《越中牡丹花品》、欧阳修《洛阳牡丹记》、沈立《牡丹记》、周师厚《洛阳牡丹记》等就是典型代表。这一时期，不仅黄河中下游地区牡丹繁盛，南方越州、滁州、和州等地也有了牡丹栽培。北宋末年，洛阳因战乱而致使牡丹衰败，牡丹繁育中心转移到了陈州（今河南淮阳）。陈州牡丹的最大特色是新品种倍增，且牡丹种植朝着规模化发展。张邦基《陈州牡丹记》："洛阳牡丹之品见于花谱，然未若陈州之盛且多也。园户植花，如种黍粟，动以顷计。"北宋灭亡以后，牡丹繁育中心又南移到天彭地区（今四川彭州），遂有"小西京"之称。天彭牡丹多与洛阳牡丹有亲缘关系，但也有紫绣球、金腰楼、玉楼子等特有的名贵品种。陆游在实地调查的基础上写出了《天彭牡丹谱》，称其"有京洛之遗风"。

辽金时期，随着北京成为政治中心，牡丹开始在北京地区引种，并形成一定分布面积。元朝时期，牡丹名品寥寥可数，重瓣花朵几无可见。两宋时期的许多名贵牡丹品种正是在这一时期失传的，致使牡丹谱录在两宋与明清之间出现了明显断档。

进入明代，亳州又成为北方新的牡丹繁育中心。正德、嘉靖年间，薛凤翔的先辈西原、东郊二公非常喜欢牡丹，走遍四周郡县，搜访上好牡丹名品移植入亳州，从此亳州牡丹开始名扬天下，出现了"亳州牡丹更甲洛阳"的盛况。亳州牡丹的最大特征是种类繁多，育植迅速。薛凤翔曾经自豪地说："永叔（欧阳修）谓四十年间花百变，今不数年百变矣，其化速若此。"导致亳州牡丹育种神速的原因，是当地人掌握了牡丹种子繁育的奥秘和技巧，对于牡丹常用的嫁接繁育是一次较大突破。据《亳州牡丹史》记载，亳人“计一岁中，鲜不以花为事者”。每到牡丹花开之时，“虽负担之夫，村野之氓，辄务来观。入暮携花以归，无论醒醉。歌管填咽，几匝一月，何其盛也”。至隆庆、万历时期，亳州牡丹达到极盛。“亳中相尚成风，有称大家者，有称名家者，有称赏鉴家者，有称作家者，有称羽翼家者，日新月盛，不知将来变作何状。”有明一代，不仅亳州牡丹盛极一时，安徽宁国、铜陵、江南太湖周围、西北兰州、临夏、临洮、广西灵川、灌阳等地的牡丹也有较大发展。北京极乐寺竟然出现了“国花堂牡丹”之称，这是目前关于称牡丹为“国花”的最早记载。

清代的牡丹繁育中心在曹州（今山东菏泽）。早在明代中后期，曹州牡丹就已经有了一定栽植基础，有“曹南牡丹甲于海内”之称。据《五杂组》记载，曹州一士人家牡丹有种至四十亩者。入清以后，曹州牡丹“新花异种，竞秀争芳，不止于姚黄、魏紫而已也。多至一二千株，少至数百株，即古之长安、洛阳恐未过也”。至乾隆年间，曹州牡丹盛过亳州，正如《曹县志》所云：“亳州寂寥，而盛事悉归曹州。”清代曹州东北各村普遍种植牡丹，尤以赵楼、洪庙两地为最。另外，清代西北的牡丹后来居上，别具特色。比如，甘肃各府州都有牡丹，“惟兰州较盛，五色具备”。而河州（今甘肃临夏）牡丹也毫不逊色。清人吴慎有诗云：“牡丹随处有，胜绝是河州。”值得一提的是，清末为了办理外交事务的便利，慈禧太后曾下懿旨，将牡丹定为大清国的国花。

如今，中国牡丹不仅在港澳台地区落户，还传播到韩国、朝鲜、日本、荷兰、英国、法国、德国、意大利、美国、南非、澳大利亚等国家，成为世界知名花卉。早在唐太宗时期，牡丹就传入了新罗，其图样在北宋时期成为当地主要的织绣纹饰。唐德宗时期，日本高僧空海将中国牡丹传入日本，从此日本人民称牡丹为“唐狮子”。17世纪中叶，荷兰东印度公司将中国牡丹传入欧洲。一个多世纪以后，牡丹在英国邱园引种成功。此后英、法相继培育出黄花牡丹，为牡丹大家族增添了新的品种。20世纪20年代，美国植物学家洛克把甘南卓尼的紫斑牡丹引种到美国，使这一罕见的高原牡丹品种在大洋彼岸开出了绚丽花朵，也为中美文化交往增添了新的佐证。

二　牡丹的花姿与品评鉴赏

“绝代只西子，众芳惟牡丹。”千百年来，牡丹以其华丽富贵、端庄大气的花姿折服了一代又一代华夏儿女。人们不惜把最美好的词汇都献给牡丹，以表达内心的崇尚爱慕之情。在众多歌颂牡丹的作品之中，唐代诗人舒元舆的《牡丹赋》最具有代表性。对于“美肤腻体，万状皆绝”的牡丹花色花姿，他赞叹道：“赤者如日，白者如月。淡者如赭，殷者如血。向者如迎，背者如诀。坼者如语，含者如咽。俯者如愁，仰者如悦。袅者如舞，侧者如跌。亚者如醉，曲者如折。密者如织，疏者如缺。鲜者如濯（zhuó），惨者如别。初胧胧而下上，次鳞鳞而重叠。锦衾（qīn，被子）相覆，绣帐连接。晴笼昼薰，宿露宵裛（yì，用香熏衣）。或灼灼腾秀，或亭亭露奇。或飐（zhǎn，风吹颤动）然如招，或俨然如思。或带风如吟，或泫露如悲。或垂然如缒（zhuì，用绳子拴住物体下送），或烂然如披。或迎日拥砌，或照影临池。或山鸡已驯，或威凤将飞。其态万万，胡可立辨！不窥天府，孰得而见。”作者以细腻的观察，真实的体悟，形象的比喻，贴切的词汇，把牡丹的色、形、姿、态融贯于阴阳、浓淡、动静、喜悲、疏密的对比之中，实现了对牡丹雍容华贵精神的最完美诠释。

在传统牡丹名品中，姚黄、魏花占有特殊的地位，姚黄被称为牡丹花王，魏花被称为牡丹花后。其实，牡丹品种的优劣高低是随着人们认识的不断加深和牡丹新品种的不断涌现而相应变化的。欧阳修曾经指出：“姚黄未出时，牛黄为第一；牛黄未出时，魏花为第一；魏花未出时，左花为第一。”从中可以看出人们审美递进、发展的过程。他在《洛阳牡丹图》诗中亦云：“当时绝品可数者，魏红窈窕姚黄肥。寿安细叶开尚少，朱砂玉版人未知。传闻千叶昔未有，只从左紫名初驰。四十年间花百变，最后最好潜溪绯。今花虽新我未识，未信与旧谁妍媸。当时所见已云绝，岂有更好此可疑。古称天下无正色，似恐世好随时移。”诚如欧阳修所云，正因为“四十年间花百变”，故而“世好随时移”也是可以理解的。

如何对牡丹品第进行欣赏和评判，这是一项专门的审美活动。明代赏花大家薛凤翔对此有精到的研究，并以神品、名品、灵品、逸品、能品、具品等六个级别来区分牡丹品第。

薛凤翔在《亳州牡丹表》中云：“昔班孟坚作人表，次第有九。钟嵘评诗，列品惟四。则物之巨细精粗必有分矣，况于神花变幻百怪总归巨丽，藉使欣赏失伦，则何以当造化、谢花神乎？”他认为班固作《汉书》，将历史人物分成九个层次，钟嵘写《诗品》也将诗作分为四类，看来事物无论大小精粗都要有所区分，何况变幻无穷的牡丹呢？如若不然，假使良莠不齐，优劣不分，品评牡丹没有规矩，那怎么对得起自然造化和花神呢？

他认为，凡是具备“意远态前，艳生相外，灵襟洒落，神光陆离，如伫如翔，欲惊欲狎，譬巫娥出峡，宓女凌波”这样姿容与品格的牡丹，都可以称作“神品”，比如天香一品、娇容三变、无上红等；凡是具备“玉润珠明，光华韶佚，瑰姿艳质，悸魄销魂，意者汉室之丽娟、吴宫之郑旦矣”这样容品的牡丹，皆可称为“名品”，如胜娇容、醉玉环之类是也；凡是具备“诡踪幻迹，异派殊宗，骋色流晖，不恒一态，岂龙漦乎，抑狐尾也”这样资质的牡丹，可称为“灵品”，譬如合欢娇、转枝等；而具备“品外标妍，局中竞秀，盈盈吴氏之绛仙，袅袅霍家之小玉”之姿态的牡丹，可称为“逸品”，如瓜穰黄、非霞、洛妃之类；又有“绛唇玉貌，腻肉平肌，望灵芝于琼楼，阅丽华于藻井，都自撩人，总堪绝代”者，可称为“能品”，以珊瑚楼、蒨月红、桃红凤头为代表；最后是“媚色娟如，粉香沃若，徐娘老去，毕竟风流，潘妃到来，犹然羞涩，大雅不作，余馨尚存”的品种，可称为“具品”，王家红、状元红、腰金紫之类是也。

三　牡丹富贵花说

自北宋哲学家周敦颐在《爱莲说》中首倡“牡丹，花之富贵者也”以后，牡丹为富贵花之说不胫而走，蜚声海内外。那么，牡丹为什么被称为富贵花呢？

近人赵世学在《牡丹富贵说》一文中称："大凡花木之名，各有美称，非称之美也，称美而实有适当其美也。以故，莲有清洁之品，以君子称之。菊有晚节之馨，以隐逸称之。独牡丹有王者之号，冠万花之首，驰四海之名，终且以富贵称之。"那为什么牡丹以富贵称之呢？他进一步解释道："吾观牡丹一花，谷雨开放，国色无双，有独富焉，群芳园中孰堪比此艳丽乎？天香独步，有良贵焉，众香国里孰堪争此芬芳乎？而且蕊放层叠，朵起楼台，粉黄黛绿，红白黑紫，灿然足观者，亦莫不色失万花，艳擅三春也。称之富贵，谁曰不宜！是花也，秀开锦地，自昔极洛阳之盛景艳夺花国，于今我曹南而独盛，栽之培之，立万世无疆之业；近者远者，来四方有道有财。岂非天造地设，以养一方之人，而生此极富极贵之牡丹者欤？"他认为牡丹开放于谷雨时节，众花开败，无能与之竞争，故而称独富。又以香味超绝，无能与之媲美，因而称良贵。再以花型占全，花色占全，又能造福一方百姓，带来经济利益，因此得名富贵实属名至实归。从中不难看出，牡丹富贵有突出独傲、富强繁荣、全面兼备之义。

近现代另一位赏花大家毛同苌也对牡丹富贵之说有过独到见解。他在《富贵花说》中云："清高者莲也，隐逸者菊也，孤瘦者梅也。清高则有轻乎富贵之度，隐逸则有弃乎富贵之容，孤瘦则有远乎富贵之想。然不意富贵而以富贵称者，乃有牡丹。闲尝览群芳之谱，牡丹为最，非以其富丽堪爱，贵容堪寡，足以动人之观瞻也，亦有他故焉。"他并不认为牡丹仅凭富丽花色和尊贵花容就得富贵之名。他接着分析道："夫当风和日丽，时过谷雨，次第而开，艳朵层叠，富有三春之盛；楼殿辉煌，贵为万花之王。斯时也，不惟修花地主，恍若富贵之翁，即看花人到，亦尽若贵门之胄。噫嘻，锦城香国，观乎牡丹而花之众美毕俱矣，宜乎称为富贵花也。"毛同苌的可贵之处是把牡丹的富贵精神移植到了个人道德修养之中，他感叹道："惜也，富贵仅在于牡丹也。使富贵而在于人，则忠信孝悌，固有之富也，有以修之，将心花灿烂矣。仁义道德，人之良贵也，有以培之，将意蕊芬芳矣。由是，佩实衔华，名芳一世，岂不胜于天香染处、国色酣时也哉！"

由此看来，将牡丹富贵之精神外化于国家，可比之于国家繁荣昌盛、崛起屹立、全面蓬勃发展；将牡丹富贵精神内化于个人，可寓之以毕俱全德、积极向上、修身齐家治国平天下。这才是超然于财富观念与等级观念之上的中华牡丹之富贵真精神。

四　唐人爱牡丹与宋人谱牡丹

“春尽方开，香居第一。花时竞赏，艳更无双。”国色天香，世人皆爱的牡丹，在唐宋文人士大夫的审美意象中却有了不同的命运，折射出两朝社会迥异的精神文化特征。

唐人对牡丹表现出的是浓烈而张扬的挚爱。虽然唐代的牡丹还没有形成种植规模，品种也未必如宋代那样繁多，且价格不菲影响到它向民间传播，但这些都并不能阻碍唐人对牡丹的如醉如痴。《唐国史补》卷中《京师尚牡丹》条说：“每春暮，车马若狂，以不耽玩为耻。”这表明每当暮春牡丹盛开时，京城长安就成为赏花的狂欢节和嘉年华，人人皆以尽兴为欣爽。当时，既有“长安牡丹开，绣毂辗晴雷”、“城中看花客，旦暮走营营”、“牡丹花际六街尘”、“游花冠盖日相望”的喧嚣与热闹，又有“欲就栏边安枕席，夜深闲共说相思”、“闲年对坐浑成偶”、“万事全忘自不知”、“诗书满架尘埃扑，尽日无人略举头”的缠绵与忘我。在这种对牡丹举世皆痴狂的真情感染之下，唐代诗词歌赋中出现了大量有关牡丹的文学作品。从李正封的“国色朝酣酒，天香夜染衣”，到刘禹锡的“唯有牡丹真国色”和李山甫的“一片异香天上来”；从白居易的“千片赤英霞烂烂”、“光风炫转紫云英”，到方干的“花分浅浅胭脂脸”；从王建的“并香幽蕙死”，到薛能的“奇香称有仙”；从李商隐的“荀令香炉可待熏”，到唐彦谦的“馨香惟解掩兰荪”；从徐夤的“万万花中第一流”、“羞杀千花百卉芳”，到刘禹锡的“花开时节动京城”、白居易的“一城之人皆若狂”。牡丹那炫人的花色，撩人的花姿，沁人的花香，引得众生接踵流连，推崇膜拜。它在唐人笔下永远是那么热烈奔放，充满着盛唐气象的韵味，好似这奇异的仙葩就是为强盛的大唐而生的。

时光流转入两宋，人们对牡丹的挚爱丝毫没有减退。正如欧阳修所云："春时，城中无贵贱，皆插花，虽负担者亦然。花开时，士庶竞为游遨，往往于古寺废宅有池台处为市，并张幄帟，笙歌之声相闻。"亦如司马光所道："洛阳春日最繁华，红绿阴中十万家。"不仅冠盖绣毂无减大唐，还增添了更多鲜活可亲的闾阎市井风情。然而这一时期，文人士大夫对牡丹的感情却变得微妙起来。虽然宋代诗词作品中仍然大量出现牡丹的倩影，亦不乏像欧阳修"洛阳地脉花最宜，牡丹尤为天下奇"、张子望"只道人间无正色，今朝初见洛阳春"、邵雍"须是牡丹花盛发，满城方始乐无涯"这样脍炙人口的佳句，但如像苏轼"漏泄春光私一物，此心未信出天工"之句却也道出了几分冷静与理性。

众所周知，宋代文人士大夫普遍秉持清韵绝俗的人格风尚，他们见不得色艳香浓，见不得流光溢彩，见不得张力十足的美，而喜见质朴自然，恬淡闲适之美。据有学者统计，《全宋词》中作为植物意象出现次数最多的是神清骨冷的梅，累计达2953次，而国色天香、雍容华贵的牡丹并不在宋代文学作品中独占花魁。那么，据此是否可以推定宋代文人士大夫不喜欢沾染了世俗气的牡丹呢？非也。因为恰恰是在两宋时期，涌现了大量记载牡丹的"植物写作"，其中许多还是牡丹的专门著作。两宋时期有关牡丹的植物写作主要有：释仲休《越中牡丹花品》，钱惟演《花品》，范雍《牡丹谱》，欧阳修《洛阳牡丹记》，丁谓《续花谱》、《冀王宫花品》、《庆历花品》，沈立《牡丹记》，周师厚《洛阳牡丹记》和《洛阳花木记》，张峋《洛阳花谱》，丘璿《牡丹荣辱志》和《洛阳贵尚录》，张邦基《陈州牡丹记》，陆游《天彭牡丹谱》，胡元质《牡丹谱》，任璹《彭门花谱》、《牡丹芍药花品》等。如此数量庞大的牡丹谱录著作，似乎与宋代文人对牡丹抱有的某种矜持情感相矛盾，这又是什么原因呢？

相对于唐人的激情浪漫，宋人似乎以理性冷静著名。在"格物致知"的过程中，由于体认和主张的不同，宋人产生了气本派、理本派、心本派的差异。以牡丹为例，大概欧阳修有点朴素气本派的意味，所以，他在解释洛阳牡丹"独天下而第一"的缘故时，将之归结为气之偏好。经仔细梳理不难发现，这也并不是宋人特有的理性，而是承袭唐人而来。唐舒元舆《牡丹赋》开篇即云："圆玄瑞精，有星而景，有云而卿。其光下垂，遇物流形。草木得之，发为红英。英之甚红，钟乎牡丹。拔类迈伦，国香欺兰。我研物情，次第而观。"舒元舆将自然界孕育出牡丹这样的奇葩，归因于"圆玄瑞精"运行演变的结果。他认为"圆玄瑞精"生而有星有云，星云之光照得草木，既而发为红英，红英又钟萃于牡丹。两相对比可以看出，从舒元舆的"圆玄瑞精"到欧阳修的"中和之气"是一脉相承的，只不过后者更显抽象概括而已。由宋人谱录牡丹的例子可知，原来一草一木，一花一叶，在宋代文人眼中皆不简单，都有其哲学思辨的意象。

本书在整理点校的过程中遵循以下原则：

一是以现存最早的刊本为底本，以后世较好的刊本或点校本为参校本。即欧阳修《洛阳牡丹记》以宋刻咸淳左圭《百川学海》本为底本，周师厚《洛阳牡丹记》以《古今图书集成》本为底本，张邦基《陈州牡丹记》以宛委山堂《说郛》本为底本，陆游《天彭牡丹谱》以明末毛晋汲古阁刻《陆放翁全集》本为底本；

二是底本缺文之处，以"□"符号标出；

三是诸谱内容编排皆按解题、原文、注释、译文、点评等五部分排列，段落划分保留底本原貌，对于资料甚少的条目不强行臆测点评；

四是部分注释内容参考了《辞源》、《汉语大字典》、《中国历史地名大辞典》及《四库全书总目提要》等工具书；

五是存疑之处，皆以"杨按"按语形式注明。

由于鄙人知识和水平所限，书中还存在许多问题，特此请方家不吝赐教！本书在整理和写作的过程中，得到了中华书局张彩梅副编审、王水涣编辑和美术设计部毛淳主任等其他工作人员的大力支持，在此一并表示感谢！

"国运昌时花运昌"，本书结稿之时，古老的东方大国正走在富强崛起的路上。而于鄙人内心则有深刻之洗礼，效之宋人吟出一句与读者共勉：

黾勉为学求精进，诚正修身苟日新。

谨志之。

杨林坤

于兰州大学萃英门

2011年辛卯夏月

牡丹谱

洛阳牡丹记

［宋］欧阳修

欧阳修（1007—1072），字永叔，号醉翁，晚年又号六一居士，北宋吉州庐陵（今江西吉安）人。宋仁宗天圣八年（1030）进士，初仕西京留守推官。庆历三年（1043），知谏院，擢同修起居注、知制诰。四年，为河北都转运使。五年，庆历新政失败，因为新政主持者范仲淹、韩琦、杜衍等申辩，贬知滁州，徙扬州、颍州。至和元年（1054），权知开封府。五年，任枢密副使。六年，拜参知政事。英宗治平四年（1067），罢为观文殿学士，转刑部尚书知亳州。神宗熙宁元年（1068），徙知青州，因反对青苗法，再徙蔡州。四年，以太子少师致仕。五年，病逝颍州汝阴，年66岁，谥文忠。有《欧阳文忠公集》传世。

欧阳修的《洛阳牡丹记》作于宋仁宗景祐元年，主要由三部分构成：第一篇名曰“花品序”，记述洛阳牡丹中的24个品种；第二篇名曰“花释名”，阐述牡丹品名得名的缘由；第三篇名曰“风俗记”，描述了洛阳地区爱花、贡花、赏花、接花、浇花、养花、医花等风土人情。该记是我国也是世界上最早的一部系统记载牡丹品种流传和栽培管理的专著，文辞优美，风格古雅，在科技史和文学史上都占有重要地位。

本书以宋刻咸淳左圭《百川学海》本为底本，以南宋周必大《欧阳文忠公集》、清嘉庆欧阳衡《欧阳文忠公全集》和中华书局《欧阳修全集》标点本为参校本，整理校点。

花品序第一

牡丹出丹州、延州①，东出青州②，南亦出越州③，而出洛阳者今为天下第一。洛阳所谓丹州花、延州红、青州红者④，皆彼土之尤杰者，然来洛阳才得备众花之一种，列第不出三已下⑤，不能独立与洛花敌。而越之花以远罕识，不见齿⑥，然虽越人，亦不敢自誉，以与洛阳争高下。是洛阳者，果天下之第一也。

【注释】

①丹州：西魏废帝三年（554）改汾州而置，治所在义川郡义川县（今陕西宜川东北），以丹阳川而得名，辖境相当于今陕西宜川。宋时改名宜川县。延州：西魏废帝三年改东夏州而置，治所在广武县（今陕西延安东北甘谷驿），辖境相当于今陕西延安、延川、延长大部分地区。隋大业年间改为延安郡，唐初复改为延州。北宋元祐四年（1089）升为延安府。

②青州：古“九州”之一。汉武帝置青州刺史部，东汉时治所在临淄，十六国时期移治广固城（今山东青州西北），北齐置益都县（今山东青州），隋时改为北海郡，唐初复为青州，辖境相当于今山东潍坊、青州、临朐、广饶、博兴、寿光、昌乐、潍县、昌邑等地。

③越州：隋大业元年（605）改吴州而置，治所在会稽县（今浙江绍兴），辖境相当于今浙江浦阳江、曹娥江、甬江流域。后改为会稽郡，唐武德四年（621）复改越州。

④丹州花：后文作“丹州红”。

⑤不出三已下：据周本校，又有“终列第三”之说。

⑥齿：重视。

【译文】

牡丹原产自丹州和延州地区，向东在青州地区有生长，向南在越州地区也出产牡丹。而

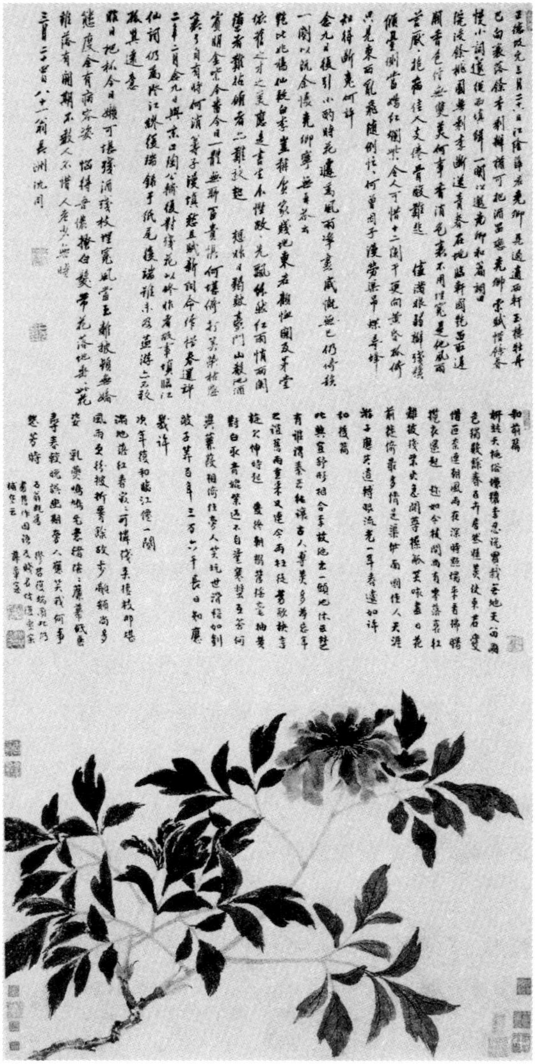

沈周《牡丹图》

产自洛阳的牡丹，品质现今号称天下第一。至于洛阳城所谓的丹州花、延州红、青州红等牡丹品种，虽然它们都是其他地区牡丹品种里的佼佼者，但是到了洛阳城，这些花只不过充得上是众多牡丹中的某一种。若是排列品第，它们不会超出三等以下的范围，根本不能单独与洛阳牡丹相匹敌。而且，越州地区的牡丹因产地遥远，欣赏识见的人不多，得不到世人重视，况且即便是越州本地人也不敢自夸，拿越州牡丹与洛阳牡丹一争高下。因此，洛阳牡丹就享有了“天下第一”的美誉。

【点评】

牡丹原产自中国，是我国特有的名贵木本花卉，在我国有着悠久绵长的栽培历史。据说，早在诗歌总集《诗经》中就已经有了把牡丹献给恋人以表达纯真爱情的动人诗句，由此算来，我国栽培牡丹的历史至少已有三千年了。

其实，上古时期并无牡丹之名，牡丹与芍药经常混淆在一起，通称为芍药。后来，随着生产的发展和生活经验的积累，人们逐渐发现了牡丹的药用价值，开始给予其更多的关注。到了秦汉时期，牡丹从芍药中分离出来，以木芍药称名于世。曾经有人指出，在西汉时期，牡丹的根皮就已经被纳入了药材的行列。但是，截至目前，汉字中关于牡丹的最早记载出现于东汉时期。1972年，在甘肃省武威市柏树乡下五畦村旱滩坡发掘的一座东汉早期墓葬中，出土了一批汉代医学简牍，其中就保留有用牡丹治疗血瘀病的处方。到了南北朝时期，牡丹的观赏价值和艺术价值日渐受到人们的重视。唐代著名笔记《刘宾客嘉话录》中记载："北齐杨子华有画牡丹极分明。子华，北齐人，则知牡丹久矣。"这是说在北齐时期，杨子华以擅长画牡丹而闻名于世，说明牡丹已经成为当时国画的重要题材之一。另据宋代《太平御览》记载，山水诗人谢灵运曾经说："南朝宋时，永嘉水际竹间多牡丹。"永嘉就是今天的浙江温州附近地区，在南朝刘宋时期，水潦畔和竹林间多植有牡丹，这是人们有意识地人工栽植牡丹，将牡丹视为观赏花卉的显著例证。进入隋代，人们开始大量繁育牡丹品种，特别是到了唐代开元年间，牡丹名品迭出不穷，盛于长安。从现存文献来看，也正是在隋唐时期，"牡丹"之称才始见于典籍图册之中，并成为中华文化的一个重要象征符号。

那么，牡丹的原产地究竟在中国的何方呢？中国古代的中医药典籍为解决这一问题，提供了一条重要线索。《别录》中记载说，牡丹"苦，微寒，无毒。……生巴郡山谷及汉中"。《图经》中云："牡丹，生巴郡山谷及汉中，今丹、延、青、越、滁、和州山中皆有之。"从这两则记载来看，野生牡丹最早分布于巴郡山谷和汉中地区，也就是今天的四川东部、重庆和陕西秦岭以南的汉中地区。后来，随着人们对野生牡丹药用价值的开发和利用，牡丹逐渐由野生而得到驯化。尤其是牡丹的观赏价值和艺术价值得到认可以后，它的分布范围更是扩展到黄河流域与长江流域的丹、延、青、越、滁、和等地区，并与当地自然环境相适应，经过人工培育，繁育出各具特色的优良品种。

如今，中国的牡丹大体可以分为四个主要的品种群：一是中原品种群，花型最丰富，花色最绚丽，种植面积也最大，大约有七八百个品种；二是以兰州为中心的西北品种群，约有200余个品种，甘南迭部的牡丹培植历史很悠久；三是四川彭州为中心的西南品种群，有几十个品种；四是安徽铜陵、上海、浙江温州等地的江南品种群。祖国黄河上下、大江南北、长城内外，以及港澳台地区，都有牡丹的种植和分布，牡丹已经成为中国分布最为广泛的名贵花卉品种。

最初，牡丹是以药用价值而受到人们的瞩目，然而饶有意味的是，自从其观赏价值被开发以后，其药用价值却大打折扣。《图经》中记载，牡丹“一名木芍药，近世人多贵重，圃人欲其花之诡异，皆秋冬移接，培以粪土，至春盛开，其状百变。故其根性殊失本真，药中不可用，其品绝无力也”。由于人们过度追求牡丹的姿色百态，滥施移接，广用劲肥，导致这类牡丹的药性尽失，不足以生血去瘀滞。目前，在名目繁多的牡丹品种中，唯有生长在安徽省铜陵市凤凰山的“凤丹”牡丹，药用价值最高，是驰名中外的药用牡丹，它的根和皮都是名贵的中药材。药用牡丹稀缺，这不能不说是人类在驯化牡丹过程中的些许遗憾吧！

洛阳亦有黄芍药、绯桃、瑞莲、千叶李、红郁李之类①，皆不减他出者，而洛阳人不甚惜，谓之果子花②，曰“某花”云云。至牡丹，则不名，直曰“花”，其意谓天下真花独牡丹，其名之著，不假曰“牡丹”而可知也③。其爱重之如此。

【注释】

①黄芍药：芍药之一种，花瓣多，深鹅黄色，茎硬，青黄色，开花迟。绯桃：蔷薇科樱桃属观赏植物，花鲜红色，千瓣，花期略晚。瑞莲：即睡莲，《岭南杂记》作“瑞莲”，多年水生草本，花白色。千叶李：苏轼在《李》诗注中云“城西有千叶李，若荼蘼（tú mí）”。红郁李：蔷薇科李属观赏植物，落叶灌木，花瓣粉红色，倒卵形。

②果子花：原指结果实的花，后谓观赏价值不高的花。

③假：因，凭借。

【译文】

洛阳城出产的花卉中，也有像黄芍药、绯桃、瑞莲、千叶李、红郁李之类的佳花名卉，都不比其他地方出产的品种逊色，但是洛阳人却并不特别看重它们，称它们为果子花，或者叫做“某某花”等等。至于牡丹则不称其名，径直称为“花”。这用意是说，天下真正能称得上是“花”的，独有“牡丹”这一种。它的芳名蜚声天下，不必借称说“牡丹”二字，人们就知道说的是它。洛阳人对牡丹的喜爱和珍视竟然达到了这样的程度。

【点评】

因花型花姿较为接近，早期的野生牡丹被混称为芍药。直到秦汉时期，牡丹才从芍药中分离出来，并在文化史上留下了许多别名和代称。

起初，牡丹被称为木芍药，仍然没有完全摆脱芍药的影子。后来，牡丹又被称为鹿韭、花玉鼠姑、百两金（《唐本草》）、洛阳花、白术（《广雅》）、天香国色（《广群芳谱》）、富贵花（南京、南通）、谷雨花，等等。郑樵《通志》云：“牡丹初无名，依芍药得名，故其初曰‘木芍药’。”牡丹为什么被称为“木芍药”呢？《本

赵之谦《牡丹图》

草》云："以其花似芍药而宿干似木也。"《神农本草经》中又称牡丹为"鹿韭"和"鼠姑"，特别令人费解。陶弘景曾经就此称呼进行过考证，他说："鼠妇亦名鼠姑，而此又同，殆非其类，恐字误。"但最终他也没给出合理的解释。有人又试图从《礼记·月令》清明"次五日，田鼠化为鴽（rú，鹌鹑类的小鸟），牡丹华"的记载，探讨鼠姑与牡丹的关系，但也不能自圆其说。时至今日，这仍然是美丽牡丹困惑人们的一个谜团。

那么，"牡丹"二字又有什么含义呢？《本草纲目》中记载："牡丹以色丹者为上，虽结子而根上生苗，故谓之'牡丹'。"理解这句话的关键是"牡"字的意思，牡原指雄性的兽类，又可以指不开花的植物，正因为牡丹从根上生苗，古人认为它是一种雄性自我繁殖的植物，故而称之为牡丹。也有人进一步认为，由于牡丹的宿根可以生长出红色的嫩芽，即"根上生红枝"，故称其为"牡丹"。其实，这种说法也只是可备一说而已，并不见得准确。从现代汉语语音和词汇学角度来看，"牡丹"是典型的非双声叠韵联绵字，也就是说，组成该语素的两个音节组合起来才有意义，分开来则与该语素没有关联，如同珊瑚、蝴蝶一样。

如此说来，"牡丹"难道是外来词汇吗？这也倒未必。不过，自从牡丹传播开来以后，它与藏传佛教、梵文、蒙古语还发生了因缘际会。蒙古草原不产牡丹花，但蒙语里却有"牡丹"一词，读作"曼答剌瓦"，是一个经由藏传佛教传入的梵文外来词。在梵文中，"曼答剌瓦"原指印度的曼陀罗花，后来被指代佛教天界名花。因此，在藏传佛教中，牡丹被视为积聚福德和圆满智慧的象征，而名扬世界的紫斑牡丹就原产于著名的藏传佛教寺院禅定寺。

由于牡丹经常在谷雨节气前后开花，所以它又有"谷雨花"之称。到了北宋，洛阳牡丹冠绝天下，邵雍、欧阳修、司马光、范纯仁诸公尤为崇尚，一时有"天下名园重洛阳，洛阳牡丹甲天下"之说。而洛阳牡丹之所以能独占花魁，据清康熙《御定佩文斋广群芳谱》所云，是因为其他地区出产的牡丹"花皆单叶，惟洛阳者千叶，故名曰'洛阳花'"。原来，洛阳城出产的牡丹是千瓣花，花型更加饱满多变，花姿更加雍容华贵，才能力压其他牡丹，一花独秀天下。故而，"自洛阳花盛，诸花诎矣"！

唐李濬《摭异记》中曾经记载，在唐文宗大和、开成年间，有一位叫程修己的人，因擅长绘画而得以觐见皇帝。当时正值暮春时节，宫廷内盛行观赏牡丹花，文宗李昂颇好诗句，于是就问程修己："现在京城中传唱的牡丹诗作，以谁的为最出色啊？"修己回答说："臣下曾经听闻公卿士大夫之间多吟赏中书舍人李正封的诗，其诗曰'国色朝酣酒，天香夜染衣'。"文宗听罢为之感叹激赏，吟诵一会以后，他忽然笑着对贤妃说："爱妃，速坐到妆镜台前，饮一紫金盏酒，李正封诗中的意境可立刻见到啊。"这就是牡丹被称为"国色天香"的出处。

说者多言洛阳于三河间①，古善地，昔周公以尺寸考日出没②，测知寒暑风雨乖与顺于此，此盖天地之中③，草木之华得中和之气者多④，故独与他方异。予甚以为不然。夫洛阳于周所有之土，四方入贡，道里均，乃九州之中⑤；在天地昆仑磅礴之间⑥，未必中也。又况天地之和气，宜遍四方上下，不宜限其中以自私。

【注释】

①于：周本作"居"。三河：欧阳衡本作"二河"。杨按，洛阳周围主要的河流有洛河、伊河、涧河、瀍河，而洛阳城的位置则几经变迁，故"三河"、"二河"皆可解释。

②周公：即姬旦，亦称叔旦，周文王姬昌第四子，因封地在周（今陕西岐山北），世称周公或周公旦，西周伟大的政治家和思想家。

③"测知"二句：此二句诸版本差异较大，《古今图书集成》本作"测知寒暑风雨乖顺，于此取正，盖天地之中"。乖，背离，不顺。

④中和：阴阳和合的和谐状态。

⑤九州：古代中国设置的九个地域单元。《尚书·禹贡》中的九州是指：冀州、豫州、雍州、扬州、兖州、徐州、梁州、青州、荆州。《周礼·夏官·职方氏》中的九州，没有徐州和梁州，而有幽州和并州。

⑥昆仑(hún lún):叠韵联绵字。混沌不分貌。磅礴(páng bó):叠韵联绵字。盛大充满的样子。西汉扬雄《太玄·中》有“昆仑旁薄”之语。

【译文】

评论者(在论说洛阳牡丹之所以冠绝天下的原因时)大多归结为洛阳城处于三河之间,自古以来就是宜居之地。古时候周公通过精密测量了解各地太阳的出没差异,测知了各地寒暑变化和风雨调顺与失常的规律以后(确定洛阳这个地方是天下日照和气候变化的参照标准)。大概因为洛阳居于天下中心的缘故,这里的草木生长开花,得到的阴阳和合之气最为充沛,所以洛阳牡丹与其他地方的牡丹迥然不同。我对这种说法很不赞同。诚然洛阳对于周王所有的疆土和四方诸侯朝贡来说,道里远近均等,是居于九州的中央,但是对于混沌无穷、广阔无比的天地来说,它未必居于中央的位置。又何况天地的阴阳和谐之气,应当是充塞四方上下的,不应当只局限于中央位置而偏向独享的。

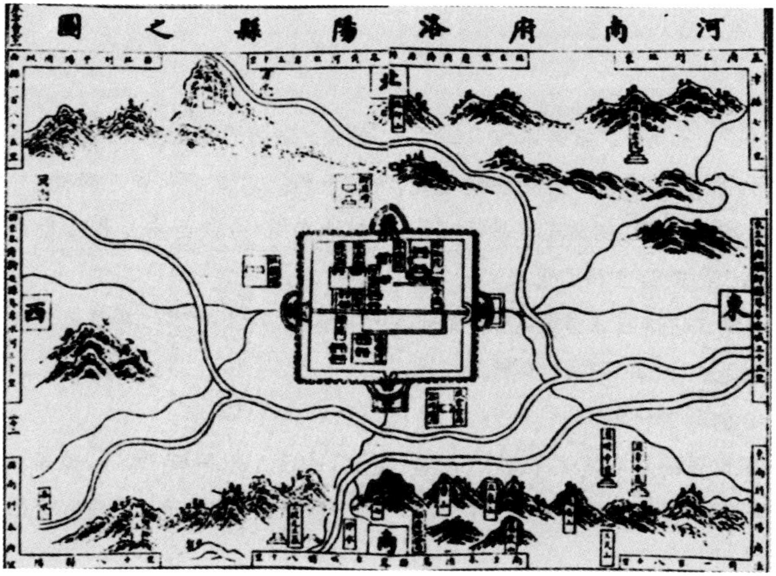

《永乐大典》所载“河南府洛阳县之图”

【点评】

中国传统文化中非常注重“对称”、“均衡”、“和谐”的意识，对“中”与“和”的追求是始终至上的。洛阳就以地处“天地之中”而受到了历代尊崇，《隋书·炀帝纪》载隋炀帝评价洛阳的一段话说：“雒邑（洛阳）自古之都，王畿之内，天地之所合，阴阳之所合。控以三河，固以四塞，水陆通，贡赋等，故汉祖曰：‘吾行天下多矣，唯见雒阳。’”他用“天地之所合，阴阳之所合”对洛阳的自然环境进行了高度赞美。毋庸讳言，洛阳确实是一块得天独厚的好地方。它西依秦岭，东望嵩岳，北负邙山，南临伊阙，洛河、伊河流于城东南，瀍河、涧河环绕于两侧。这里冬不严寒，夏不酷热，气候温和，雨量适中，而且土壤肥沃，适宜牡丹生长。虽然欧阳修在《洛阳牡丹记》中不认可洛阳以居中得天地之和气，而使牡丹甲天下之说，但他在其他场合又难以割舍对洛阳的偏爱，宣称洛阳最适宜栽培牡丹，比如他在《洛阳牡丹图》诗中就有着“洛阳地脉花最宜，牡丹尤为天下奇”的佳句。

夫中与和者，有常之气①，其推于物也②，亦宜为有常之形。物之常者，不甚美亦不甚恶。及元气之病也③，美恶隔并而不相和入④，故物有极美与极恶者，皆得于气之偏也。花之钟其美⑤，与夫瘿木擁肿之钟其恶⑥，丑好虽异，而得一气之偏病则均。洛阳城围数十里，而诸县之花莫及城中者，出其境则不可植焉。岂又偏气之美者，独聚此数十里之地乎？此又天地之大，不可考也已。

【注释】

①有常：有规律。这里指普通的、一般的。

②推：扩充，扩展。

③元气：元始、根本的平和之气。

④隔并：原指因阴阳不谐而旱涝不调，这里指不谐调，有所兼并。李治《敬斋古今

韍·拾遗一》："天地之气，阴阳相半，日旸日雨，各以其时，则谓之和平；一有所偏，则谓之隔并。隔并者，谓阴阳有所闭隔，是或枯或潦，有所兼并。"

⑤钟：集聚，引申为寄托。

⑥瘿（yǐng）木：楠树树根，赘肬甚大。瘿，树木外部隆起如瘤之处。擁肿：隆起不平直，同"臃肿"。

【译文】

所谓中气与和气，乃是一种普通、平常之气，它作用于世间万物，这些事物也呈现出普通的形态。事物的一般形态，既不会十分美好，也不会非常丑恶。等到事物的内在阴阳合和之气出了问题，美与恶两种因素的正常转化被阻隔，互相兼并而失去平衡，因此事物就会出现极美与极恶的不同形态，这都是阴阳之气偏离和谐所造成的。花朵妍丽集中地表现出美态，树瘤疙疙瘩瘩集中地表现丑态，在丑与美方面虽然截然相反，但在受到阴阳之气偏离合和所害这一点上却是共同的。洛阳城方圆有数十里，不仅周边诸县的花卉都比不上城中的，甚至超出洛阳的范围就不能生长。难道又是偏重美好之气，唯独聚集在洛阳这数十里地面的缘故吗？这恐怕又是天地广大无穷，不能进行揣度的例证吧！

【点评】

宋代本是一个重实效、讲实际的朝代，但是偏偏这个时代产生的哲学家和思想家居多。宋人主张"格物致知"，以穷尽事物之理，来诚意正心，进而修齐治平。因此，宋人喜好把日常所见所闻，拔升到本体论和认识论的高度，居高临下，高屋建瓴，"今日格一件，明日又格一件，积习既多，然后脱然自有贯通处"。在格物致知的过程中，由于体认和主张的不同，宋人产生了气本派、理本派、心本派的差异，大概欧阳修有点朴素气本派的意味，所以，他在解释洛阳牡丹"独天下而第一"的缘故时，将之归结为气之偏好。

欧阳修抱有"偏气之美者独聚于此"的观点，可能是人们当时对洛阳牡丹冠绝一代的普遍认识。不过，北宋著名诗人梅尧臣对秉持"造化特着意"的论调并不以为然。他似乎嗅出了气本派的唯心论意味，与之相对以朴素唯物论的论调来看待洛阳牡丹之盛的根由。他在

《韩钦圣问西洛牡丹之盛》一诗中谈到："韩君问我洛阳花，争新较旧无穷已。今年夸好方绝伦，明年更好还相比。君疑造化特着意，果乃区区可羞耻。尝闻都邑有胜意，既不钟人必钟此。由是其中立品名，红紫叶繁矜色美。萌芽始见长蒿莱，气焰旋看压桃李。乃知得地偶增异，遂出群葩号奇伟。亦如广陵多芍药，闾井荒残无可齿。淮山邃秀付草树，不产髦英产佳卉。人于天地亦一物，固与万类同生死。天意无私任自然，损益推迁定有彼。彼盛此衰皆一时，岂关覆帱为偏委。呼儿持纸书此说，为我缄之报韩子。"梅尧臣举了广陵芍药、淮山草树的例子，对韩钦圣的"造化特着意"的观点进行了批判，他最后总结道："天意是自然无私的，损益推迁都是有规律的。彼盛此衰都是一时的现象，哪关乎什么气理的施恩与特殊照顾呢？"小小的一个洛阳牡丹盛衰的问题，竟然在北宋士大夫中引发了哲学问题的探讨，这恐怕是只有在宋代才会出现的最好例证吧！

张杰《花鸟图》

凡物不常有而为害乎人者曰灾，不常有而徒可怪骇不为害者曰妖①。语曰："天反时为灾，地反物为妖。"②此亦草木之妖而万物之一怪也。然比夫瘿木拥肿者，窃独钟其美而见幸于人焉③。

【注释】

①徒：副词，但，仅。怪骇：怪异惊奇。

②"语曰"句：《左传·宣公十五年》："天反时为灾，地反物为妖，民反德为乱。"

③窃：表情态，偷偷地，私下。

【译文】

大凡事物不经常出现，而一旦出现却危害人类的被称为灾；事物不经常出现，即使出现也只是怪异惊奇，却并不危害人类的被称为妖。古语说："天违背时节就会造成灾害，地违反物态就会产生妖物。"洛阳牡丹也是草木类中的妖物，世间万物中的一个怪异啊！只不过比起树瘤疙瘩来说，私下独享美和之气，而被人们所宠爱罢了！

【点评】

此处的"妖"是指反常怪异的事物或现象，而非指妖魔鬼怪之妖。欧阳修称牡丹为"妖"也不是他的首创，早在此前，唐玄宗李隆基就有过类似的评价。

五代后周王仁裕在《开元天宝遗事》中记载："初有木芍药植于沉香亭前，其花一日忽开，一枝两头，朝则深红，午则深碧，暮则深黄，夜则粉白，昼夜之间，香艳各异。帝曰，此花木之妖，不足讶也。"唐玄宗对于兴庆宫沉香亭前开出双头牡丹，并没有感到惊讶，他觉得双头牡丹的花色随着一日时辰而变化，只不过是花木之中的变异而已，非常正常，不值得大惊小怪。

余在洛阳，四见春。天圣九年三月①，始至洛，其至也晚，见其晚者。明年，会与友人梅圣俞游嵩山、少室、缑氏岭、石唐山、紫云洞②，既还，不及见。又明年，有悼亡之戚，不暇见③。又明年，以留守推官岁满解去④，只见其早者。是未尝见其极盛时，然目之所瞩，已不胜其丽焉。

【注释】

①天圣：北宋仁宗赵祯的第一个年号，天圣九年即公元1031年。

②梅圣俞：即梅尧臣（1002—1060），字圣俞，宣州宣城人，北宋著名诗人。缑

恽寿平《牡丹》

(gōu)氏岭：又名覆釜堆、抚父堆，在今河南偃师府店镇南。

③暇(xiá)：空闲，空余。

④留守推官：北宋前期选人四等七阶之第一等第三阶，即后来之文林郎。解：除去。

【译文】

我在洛阳度过了四个春天。天圣九年三月初到洛阳，及抵达时已是晚春，只见到了即将败落的牡丹。第二年春天，恰好与友人梅尧臣同游嵩山、少室山、缑氏岭、石唐山、紫云洞等地，等我回到洛阳时，春天已过，没能看到牡丹盛开。第三年春天，适逢妻子去世，没空闲去赏花。第四年春天，又因为留守推官任期满后去职，只看到早开的牡丹。所以，终究没有看到洛阳牡丹绽放时的盛况，但是仅就我所看到的牡丹，已经是极其艳丽了啊！

【点评】

欧阳修在洛阳西京留守任上时，喜好宴饮郊游。北宋王辟之《渑水燕谈录》中记载，欧阳修与尹师鲁、梅圣俞、杨子聪、张太素、张尧夫、王几道等人结为七友，以文章道义相切磋。他们七人经常赋诗饮酒，偶尔谈戏，相得尤乐。凡洛中山水园庭、塔庙佳处，莫不游览。当时洛阳使相钱惟演、通判谢绛皆当世伟人，待欧阳修非常优厚。欧阳修悠游西京，而于享誉天下的洛阳牡丹盛况却缘悭一面，这为下文他受思公钱惟演启发而作牡丹花品埋下了伏笔。

余居府中时，尝谒钱思公于双桂楼下[①]，见一小屏立坐后，细书字满其上。思公指之曰：“欲作花品，此是牡丹名，凡九十余种。”余时不暇读之，然余所经见而今人多称者才三十许种，不知思公何从而得之多也。计其余，虽有名而不著[②]，未必佳也。故今所录，但取其特著者而次第之：

姚黄	魏花	细叶寿安
鞓红亦曰青州红	牛家黄	潜溪绯
左花	献来红	叶底紫

鹤翎红　添色红　倒晕檀心
朱砂红　九蕊真珠　延州红
多叶紫　粗叶寿安　丹州红
莲花萼　一百五　鹿胎花
甘草黄　一擫红　玉板白

【注释】

①谒（yè）：进见，拜见。钱思公：即钱惟演（977—1034），字希圣，钱塘（今浙江杭州）人，吴越王钱俶第十四子。北宋政治家，西昆体诗人。因其逝世后初谥“思”，故人称“思公”，后改谥“文僖”。

②著：明显，显著。

【译文】

我住在洛阳府邸中时，曾经去双桂楼拜望钱思公，看见座位后有一扇屏风，上面写满了密密麻麻的小字。思公指着说：“我想写一部关于洛阳牡丹品第的书，这些都是搜集到的牡丹品种名，大概有九十余种呢。”可惜我当时没有时间细读。不过，我所亲眼见过的牡丹品种，并且现在被人们经常称道的，也就三十来种的样子，不知道思公是从哪里得到那么多的花名。考虑到剩下的几十种，虽有花名但是并不出名，想必不是上好的品种。所以，我现在所收录的洛阳牡丹，只选取其中特别有名的部分品种，并按品第记载如下：

清代石刻欧阳修像

姚黄　魏花　细叶寿安

鞓红（也叫青州红）	牛家黄	潜溪绯
左花	献来红	叶底紫
鹤翎红	添色红	倒晕檀心
朱砂红	九蕊真珠	延州红
多叶紫	粗叶寿安	丹州红
莲花萼	一百五	鹿胎花
甘草黄	一擫红	玉板白

【点评】

从魏晋南北朝至唐宋时期，随着中国农业生产和园艺培植事业的发展，审美需求的不断扩大，生产经验和审美体验的逐渐积淀，文献学领域涌现出了大量植物谱录类专著。“谱”原本是周朝宫廷档案之一种，有布列而系统记述的意思。谱录的篇幅长短不一，内容丰富，涉及面广，是有关某类事物的专书。这一时期比较重要的植物类谱录有：南朝宋戴凯之的《竹谱》、唐代陆羽的《茶经》、宋代欧阳修的《洛阳牡丹记》、陈翥的《桐谱》、蔡襄的《荔枝谱》、王观的《芍药谱》、周师厚的《洛阳花木记》、刘蒙的《菊谱》、王灼的《糖霜谱》、史正志的《菊谱》、韩彦直的《橘录》、范成大的《范村菊谱》和《范村梅谱》、陈仁玉的《菌谱》等。

隋唐之际，伴随着牡丹育种与栽培经验的日臻成熟，牡丹品种花样百出，欣赏牡丹蔚成风气，文人士大夫之中有关牡丹的记述也日渐增多。但真正为牡丹专门作谱则始于北宋，这恐怕与西京洛阳牡丹盛极天下的推动作用不无关系。北宋及其以后产生的牡丹谱录，按其表现形式与内容大体可分为三类：一类是单独刊行的牡丹专谱，如欧阳修《洛阳牡丹记》、陆游《天彭牡丹谱》、薛凤翔《牡丹史》、余鹏年《曹州牡丹谱》等；一类是在综合性花谱中收录的牡丹记述，如周师厚《洛阳花木记》、高濂《遵生八笺》、王象晋《二如亭群芳谱》、汪灏《广群芳谱》等；三是对某时某地牡丹发展情况的记述或观感，这类作品大多篇幅较短，如张邦基《陈州牡丹记》、袁宏道《张园看牡丹记》、刘辉晓《绮园牡丹谱》等。

在文献流传的过程中，还有一些牡丹记述散佚失传，仅宋代就有范尚书《牡丹谱》、《冀王宫花品》、释仲休《越中牡丹花品》、沈立《牡丹记》等，这不能不说是一笔很大的精神财富损失。然而，不难看出，宋人不仅痴心于鉴赏牡丹，还热衷于牡丹撰述，钱惟演就是一个典型例子。在这样的时代背景和知识储备下，产生《洛阳牡丹记》这样的优秀作品也就顺理成章了。

南宋《牡丹图》

恽寿平《牡丹图》

花释名第二

牡丹之名，或以氏，或以州，或以地，或以色，或旌其所异者而志之①：姚黄、左花、魏花，以姓著；青州、丹州、延州红，以州著；细叶、粗叶寿安、潜溪绯，以地著；一擫红、鹤翎红、朱砂红、玉板白、多叶紫、甘草黄②，以色著；献来红、添色红、九蕊真珠、鹿胎花、倒晕檀心、莲花萼、一百五、叶底紫，皆志其异者。

【注释】

①旌（jīng）：原意为古代旗杆上端有牛尾或五色鸟羽的旗子，后引申为表明、辨别。

②擫（yè）：同“擪”，以指按捺。

【译文】

牡丹品种的名称，有的以栽培者的姓氏冠名，有的以原产地所在的州名来命名，有的则以产地的地名来命名，有的以花朵的颜色来称呼，还有的为了突出其特异禀质而被标记下来。比如：姚黄、左花、魏花，是以栽培者的姓氏命名；青州、丹州、延州红，是以产地所在州名命名；细叶、粗叶寿安、潜溪绯，是以原产地的地名命名；一擫红、鹤翎红、朱砂红、玉板白、多叶紫、甘草黄，是以花朵的颜色而命名；献来红、添色红、九蕊真珠、鹿胎花、倒晕檀心、莲花萼、一百五、叶底紫，都是标明其特殊禀质的。

【点评】

牡丹不仅花形多变，花姿万种，其花名也别具匠心，千变万化。比如，以相对关系来命名的牡丹品种有：二乔、三奇、大黄、小黄、大素、小素；与凤有关的牡丹品种：凤丹、凤尾、玉凤、凤丹白、凤尾白、颤凤娇、凤尾花红、珊瑚凤头、桃红凤头、粉莲凤尾、檀心玉凤；与云霞有关的牡丹品种：飞霞、云红、云芬、新云、彩云、彩霞、祥云、彤云红、祥云红、透云蓝、紫云芬、瑞云红、海天霞、彩云映日、红云飞片、赤鳞霞冠；与雪有关的牡丹品种：降雪、雪重、雪素、雪塔、一捧雪、大雪青、梨花雪、雪夫人、万叠雪峰、飞雪迎春、玉楼春雪、金星雪浪、青山贯雪、雪里藏梅、白玉白雪塔；与美女有关的牡丹品种：天香一品、天女散花、蛾眉仙子、太真晚妆、杨妃出浴、杨妃深醉、杨妃绣球、杨妃插翠；与数字有关的牡丹品种：一拂黄、二色红、三云紫、四面镜、五云楼、六封禅、七宝冠、八艳妆、九萼红、十样锦、百花妒、千心黄、万花魁，从一至万，排列起来相映成趣。另外，牡丹花名中五字花名也非常有特色，既有“桃花万卷书”、“烟笼紫玉盘”这样的诗意风韵，又有“大红西瓜瓤”、“大花黄牡丹”这样的朴素直白，雅俗共赏，包罗万象，充分体现了养花和赏花群体的广泛性，也是宋代审美思潮中崇尚清雅淡泊、朴素自然的最佳明证。

姚黄者，千叶，黄花，出于民姚氏家。此花之出，于今未十年。姚氏居白司马坡，其地属河阳①，然花不传河阳，传洛阳。洛阳亦不甚多，一岁不过数朵。

宋人《蝴蝶牡丹图》

【注释】

①河阳：西汉置，治所在今河南孟县西冶戍镇，唐为孟州治。

【译文】

姚黄牡丹，千瓣，黄色花朵，产自于民间姚氏家，这个品种从问世到如今还不足十年。姚家世居白司马坡，属于河阳地界，然而姚黄牡丹却不在河阳传播，反而在洛阳扬名。其实姚黄在洛阳也并不十分多见，一年只不过开有数朵。

【点评】

姚黄是牡丹四大名品之一，号称牡丹花王，皇冠花型，花蕾圆尖，端部开裂，颜色淡黄，株形直立，枝条细硬，亭亭玉立，光彩照人。北宋吴淑在《牡丹赋》中赞美各种牡丹：“春尽方开，香居第一。花时竞赏，艳更无双。始标名于谢客，后最盛于洛阳。乐天歌之而未尽，欧阳记之而难详。尔其珍称魏紫，贵极姚黄。锦袍莺粟，莲蕊红妆。檀心倒晕，玉兔天香。鞓红欧碧，霞彩云芳。朝天映日，凤尾瓜瓤。俱称国色，并号花王。”其中，他特别强调“贵极姚黄”，以一“贵”字点出姚黄牡丹的最大特点。

姚黄之所以被称为牡丹花王，并不仅仅因为她姿美而稀少，更重要是因为其色贵。姚黄的颜色不是普通的黄色，也不是深黄浓艳之色，而是淡黄色，更确切地说是接近明黄色。明黄色自唐代以后，是中国古代社会中最尊贵的颜色，只有皇家才能使用，其他任何人都不得僭越。明人李珮在《姚黄传》中非常鲜明地指出了姚黄牡丹这一典型特征，他以史家口吻，将姚黄牡丹作拟人化处理，写成一则传记说：“黄为天下正色，祖中央也。黄美丰姿，肌体腻润，拔类绝伦。游西京，术者相之，谓其有一万八千年富贵。”李珮在文中点明，黄色是天下正色，代表着大地之色，是东南西北中五个方位里中央的象征，而姚黄的花色恰是明黄正色，又生长在天下中央之洛阳，这不正是天子和最高统治权威的化身吗？因此，称其为花王是最恰当不过的了。

牛黄，亦千叶，出于民牛氏家，比姚黄差小。真宗祀汾阴①，还过洛阳，留宴淑景亭②，牛氏献此花，名遂著。

【注释】

①真宗：即宋真宗赵恒（968—1022），宋太宗第三子，宋朝第三位皇帝。真宗在位25年，政治基本稳定，社会经济繁荣，国家强盛，但他崇信天书符瑞，淫于封神祭祀，也使得朝政不举。汾阴：西汉置，治所在今山西万荣西南庙前村北古城。其境内有一土丘，称

汤世澍《拟徐崇嗣牡丹图》

汾阴脽(shuí),是历代帝王祭祀地神的地方,建有后土祠。

②淑景亭:据《宋史·地理志一》载:“西京……内园有长春殿、淑景亭、十字亭、九江池、砌台、娑罗亭。”可知淑景亭在西京洛阳宫城之内,大概为唐朝遗留的建筑。

【译文】

牛家黄牡丹,也是千瓣,产自于民间牛氏家,花头比姚黄牡丹稍小些。真宗皇帝祭祀汾阴,礼毕回朝时路过洛阳,驻跸淑景亭享宴,牛氏逢机进献这种牡丹,它的芳名于是显扬天下。

【点评】

汉武帝最先在汾阴建立后土祠祭祀地神,先后祭拜达六次,以后历代都有官方崇祀。唐玄宗祭拜过两次,宋真宗赵恒也曾于大中祥符四年(1011)春正月二十三日来到汾阴脽祭祀,此次祭祀时间长达三个多月,至夏四月初一才结束,共耗费约850万两白银。宋真宗在位时期,宋朝政治稳定,国力增强,百姓生活安宁,但是由于澶渊之盟使大宋颜面扫地,真宗亦面临信任危机。为了神化皇权,重树统治权威,真宗自导自演,淫祀天书符箓,靡费国帑。正因为此次祭祀后土旷日持久,真宗恰好赶在牡丹盛开之时驻跸洛阳,得以观赏黄花牡丹中的珍品牛黄牡丹。牛黄牡丹在丘璩《牡丹荣辱志》中被列为“九嫔”之第一位,足见人们对它的珍视。欧阳修在下文“多叶紫”条中曾提及:“初,姚黄未出时,牛黄为第一;牛黄未出时,魏花为第一;魏花未出时,左花为第一。”可知在姚黄牡丹问世之前,牛黄牡丹曾经独占花魁,牛氏也才有机缘向皇帝贡献名花。也就是说,牛黄早于姚黄,大概兴盛于宋真宗大中祥符年间。

甘草黄,单叶,色如甘草①。洛人善别花,见其树知为某花云。独姚黄易识②,其叶嚼之不腥。

【注释】

①甘草:豆科多年生草本植物,喜生长在干旱、半干旱的荒漠草原、沙漠边缘和黄土

明万历黑漆描金龙牡丹图药柜

丘陵地带。其根茎可入药，气味微甜而特殊，主治清热解毒、祛痰止咳、脘腹等。

②独姚黄易识：杨按，从上下语气来看，此句疑有错简。据王象晋《群芳谱》及康熙《御定佩文斋广群芳谱》云："甘草黄，单叶，色如甘草，洛人善别花，见其树知为奇花，其叶嚼之不腥。"抑或"独姚黄易识"漏一"不"字，应为"独姚黄不易识"。未知孰是，存而不论。

【译文】

甘草黄牡丹，单瓣，颜色像甘草一样。洛阳人擅长辨识牡丹，一见其植株就知道是某某品种。唯独姚黄牡丹容易识别，它的叶子咀嚼起来没有腥味。

【点评】

陶谷《清异录》记载，洛阳大内临芳殿乃后唐庄宗李存勖（xù）所建，殿前种有牡丹千余株，其中比较著名的品种有百药仙人、月宫花、小黄娇、雪夫人、粉奴香、蓬莱相公、卵心黄、御衣红、紫龙杯、三云紫等。小黄娇和卵心黄都是黄花牡丹中的珍品，牡丹贵黄从这一时期就已经显露端倪了。

魏花者，千叶，肉红花，出于魏相仁溥家[1]。始樵者于寿安山中见之[2]，斲以卖魏氏[3]。魏氏池馆甚大，传者云：此花初出时，人有欲阅者，人税十数钱，乃得登舟渡池至花所，魏氏日收十数缗[④]。其后破亡，鬻其园[⑤]，今普明寺后林池乃其地[⑥]，寺僧耕之以植桑麦。花传民家甚多，人有数其叶者，云至七百叶。钱思公尝曰："人谓牡丹花王，今姚黄真可为王，而魏花乃后也。"

【注释】

①魏相：即魏仁溥，字道济，卫州汲人。后晋末，隶枢密院为小史，熟知军政，见知后周太祖郭威，拜枢密副使。北宋初，进位右仆射。

②寿安山：在今河南洛宁与宜阳交界处。寿安，隋仁寿四年(604)改甘棠县置，治所即今河南宜阳。

③斲(zhuó)：砍，削。

④缗(mín)：成串的铜钱，一千文为一缗。

⑤鬻(yù)：卖。

任薰《花卉图》

⑥普明寺：原名石山寺，始建于东汉明帝永平十三年（70），址在今河南伊川丁流镇。

【译文】

魏花牡丹，千瓣，肉红色花朵，出自于魏仁溥相国家。当初，樵夫在寿安山中见到这种牡丹，砍来卖给魏相国家。魏府林池馆舍面积很大，传闻说这种牡丹刚面世时，凡是想要观赏其芳容的，每人都要交十几钱的“参观费”，才能被允许乘船渡过园池，抵达观花的处所，（凭此一项）魏家每天就能收入十几缗钱。后来魏氏家道败亡，出售了园产，现在普明寺后院的园林池榭就是以前魏家的地面。如今寺中僧人在里面开垦耕种，用来种植桑树麦谷。魏花牡丹有很多流传到了普通百姓家，有人数过它的花瓣，据说多达七百多瓣。钱思公曾经说过：“人们所谓的牡丹花王，现在看来姚黄这个品种确实可以称得上花王，而魏花这个品种可称为牡丹花后啊。”

【点评】

魏花又名“宝楼台”，花树高不过四尺，花高五、六寸，花冠阔三、四寸，花瓣多至七百余。自从钱惟演称魏花为“牡丹花后”，这一声誉就不胫而走，为历代所尊崇。丘璩《牡丹荣辱志》中称魏花为“魏红”，列为“妃”品，并云：“天子立后以正内治，故《关雎》为风化之始，妃嫔世妇所以辅佐淑德，符家人之封焉。然后《鹊巢》、《采蘋》、《采蘩》，列夫人职以助诸侯之政。今以魏花为妃，配乎王爵，视崇高富贵一之于内外也。”原来人们把等级礼制社会中的尊卑观念，也移稼于牡丹品级之中，才有了花王、花后之分。

魏花被誉为牡丹花后，自是因为它花大美艳之故。然而，现在亦有称“魏紫”为牡丹花后者，殊不知“魏花”与“魏紫”迥然有别。欧阳修《洛阳牡丹记》、周师厚《洛阳牡丹记》、薛凤翔《亳州牡丹史》中都记载魏花为“肉红色花”，“端丽精彩，莹洁异于他花”，“价自倾城”，可见魏花称后并非浪得虚名。但是明代以后，魏花可能就已经绝种了。清余鹏年《曹州牡丹谱》上就已不载魏花，代之以魏紫。其谱云：“魏紫，紫胎肥茎，枝上叶深绿而大，花紫红，乃周记所载都胜。记曰：‘岂魏花寓于紫花本者，其子变而为都胜耶。’盖钱思公称为花之后者，千叶肉红，略有粉梢，则魏花非紫花也。”余氏在此明确指出，魏紫并非魏花，乃是魏花与紫花牡丹父本杂交之后代，因此其花色远逊于肉红色。

鞓红者[①]，单叶，深红花，出青州，亦曰青州红。故张仆射齐贤有第西京贤相坊[②]，自青州以馲驼驮其种[③]，遂传洛中。其色类腰带鞓，谓之鞓红。

陈嘉选《玉堂富贵图》

【注释】

①鞓（tīnɡ）：腰带的带身。《宋史·舆服志五》：“诸军将校，并服红鞓金涂银排方。”

②张仆射：即张齐贤（942—1014），字师亮，曹州句容（今山东菏泽南）人，徙居洛阳，北宋著名政治家，进士出身，累官至枢密副使、兵部尚书、吏部尚书，为相达21年。

③馲驼（tuō tuó）：即骆驼。

【译文】

鞓红牡丹，单瓣，深红色花朵，产自青州，又叫青州红。已去世的张齐贤副相曾经在西京贤相坊有所府第，他从青州用骆驼驮来这个牡丹品种，于是此品在洛阳城中传播开来。它的花色像腰带鞓的颜色，因此称其为鞓红。

【点评】

《海山记》载，隋炀帝辟地二百里为西苑，下诏天下进献名贵花卉。易州进贡二十箱牡丹，其中有赪红、鞓红、飞来红、袁家红、醉颜红、云红、天外红、一拂黄、软条黄、延安黄、先春红、颤风娇等名目。可见，在隋炀帝时期，鞓红牡丹已经名扬天下了。不过，亦有学者反驳，认为《海山记》是宋人所作，内容多为假托，鞓红似仍是宋代出现的牡丹品种。苏轼《常州太平寺观牡丹》诗云："武林千叶照观空，别后湖山几信风。自笑眼花红绿眩，还将白首看鞓红。"他在诗中以"鞓红"一语双关，表达了自己在政治风浪中几度沉浮之苦。南宋诗人范成大在《鞓红》诗中亦云："猩唇鹤顶太赤，榴萼梅腮弄黄。带眼一般官样，祇愁瘦损东阳。"也表露出鞓红牡丹总脱不开政治干系的感觉。明代诗人吴宽《东园送白牡丹》又云："故园两岁梦鞓红，凤尾花新百种空。锦幄未能如富室，瓦盆亦足慰衰翁。一枝争卖金钱满，三朵齐开玉盏同。独恨春深无暇赏，暮归吹落又狂风。"吴宽身为明代成化八年状元，但却两次都未能进入内阁，终以礼部尚书卒于任上，抱有未能入值文渊阁之憾。因此，他在暮年以"两岁梦鞓红"自嘲，表达了面对政治"狂风"的无能为力。苏轼、范成大、吴宽三代大诗人，都以鞓红牡丹隐喻自身遭逢境遇，抑或巧合，抑或鞓红命名之本意，莫若称鞓红为"政治牡丹"更为贴切啊！

献来红者，大，多叶，浅红花。张仆射罢相居洛阳①，人有献此花者，因曰献来红。

【注释】

①张仆射：即张齐贤。

【译文】

献来红牡丹，大花冠，重瓣，浅红色花朵。张齐贤副相罢职后闲居洛阳，有人给他献来这种牡丹，因此命名为献来红。

【点评】

王象晋《群芳谱》云，献来红牡丹，花冠硕大，颜色浅红。花瓣聚敛成撮，颜色鲜明亮丽。整株牡丹高达三、四尺，叶片团拢。

献来红是典型的官宦人家种植的牡丹，其名字表露无遗。其实，大部分牡丹名品都有在仕宦豪族、富室大家豢养的经历，这也充分说明欣赏牡丹最初并非流行于普通百姓家，而是上层社会的高雅享受和奢侈生活的体现。吴淑《牡丹赋》云："鼠姑今始开，金百两兮锦成堆。鹿韭兮将谢，向帝城兮谁买？平章宅里最繁华，看到子孙能几家？须知小隐天津客，冷眼人间富贵花。"牡丹虽然以"人间富贵花"著称，但是欣赏牡丹却饱含着人间的世态炎凉。

添色红者，多叶花，始开而白，经日渐红，至其落乃类深红。此造化之尤巧者①。

【注释】

①造化：指自然的创造化育。

【译文】

添色红牡丹，重瓣。花朵刚开放时呈白色，经日光照射后逐渐转红，等到即将败落时就像深红色一样。这真是大自然孕育的奇妙结果啊！

【点评】

薛凤翔《亳州牡丹史》中记载一种名叫"娇容三变"的牡丹，初绽放时是紫色，待完全展开时呈桃红色，经日光照射渐变为梅红色，等日落以后又转为深红色。其他牡丹品种皆是愈开愈褪色，唯独这种牡丹越开颜色越深，故曰"娇容

清末《牡丹图》

三变”。另外，此牡丹在背阴处和向阳处能开出各不相同的花朵，其颜色变幻亦何止于三啊！薛氏云：“欧记中有添色红，疑即其种。袁石公记为芙蓉三变。其本原出方氏。”可能到了明代中叶，添色红之名已不多见，代之以“娇容三变”。但欧阳修《洛阳牡丹记》中明确指出添色红初开时呈白色，娇容三变却没有这种色变，二者是否为同种，姑且存疑吧。

鹤翎红者，多叶花，其末白而本肉红，如鸿鹄羽色①。

【注释】

①鸿鹄（hú）：又名黄鹄，即天鹅，也叫黄嘴天鹅。外形像鹅而体形较大，颈长，嘴尖黑，基部有黄色，羽毛洁白或黑色，有光泽，飞行高而迅速，群栖于湖泊沼泽地带。

【译文】

鹤翎红牡丹，重瓣。花瓣尖梢呈白色而花瓣根端呈肉红色，就像天鹅羽毛的颜色一样。

【点评】

王象晋《群芳谱》中谓鹤翎红“细叶”，可知其花瓣较他种纤细，并不以肥厚见称。另外从元末诗人吴志淳《和李别驾赏牡丹》：“绛罗密幄护风沙，莫遣牛酥污落花。蝶梦不知春已暮，鹤翎还似暖生霞。”可知鹤翎红较他种牡丹开得晚，大概在暮春时节才开放。

鹤翎红牡丹以一花二色而闻名，因此又被称为“靧（huì）面娇”。薛凤翔《亳州牡丹史》中云：“南园鹤翎红枝上忽开一花二色，红白中分，红如脂膏，白如腻粉。时郡大夫严公造赏，呼为太极图。余因六朝有取红花，取白雪，与儿靧面，作光洁之词，乃易其名。”鹤翎红以其“红如脂膏，白如腻粉”吸引了文人士大夫的眼球，争相赋诗为文表达对它的喜爱，尤其是欧阳修，更对鹤翎红钟爱有加。他在《洛阳牡丹图》中写道：“鞓红鹤翎岂不美，敛色如避新来姬。何况远说苏与贺，有类后世夸嫱施。”他认为鞓红与鹤翎红远胜过苏家红、贺家红，可以像古代美女毛嫱、西施那样被人赞美。他还在《谢观文王尚书惠西京牡丹》诗中再次表达对鹤翎红的推崇：“姚黄魏紫腰带鞓，泼墨齐头藏绿叶，鹤翎添色又其次，此外虽妍犹婢妾。”在欧阳修心目中，除了姚黄、魏花、鞓红、泼墨紫、左花、鹤翎红、添色红外，其他品种的牡丹都是品第低下的，不可与前述诸品同日而语。

细叶、粗叶寿安者，皆千叶，肉红花，出寿安县锦屏山中①。细叶者尤佳。

【注释】

①锦屏山：在今河南宜阳城南。《新唐书·地理志》载，寿安县“有锦屏山，武后所名”。

【译文】

细叶寿安和粗叶寿安牡丹，都是千瓣，肉红色花朵，产自寿安县的锦屏山中。细叶寿安牡丹更为好看。

蒋廷锡《花卉图》

【点评】

王象晋《群芳谱》中说："寿安红，平头黄心，叶粗、细二种，粗者香。"他又在粗叶寿安红中提到"中有黄蕊"，由此看来，细叶、粗叶寿安红两种牡丹都有黄色花蕊，只不过花瓣有粗细之分。虽然细叶寿安红的花姿较为美丽，但粗叶寿安红却以香胜之，两者各具特色。欧阳修在完成《洛阳牡丹记》十年之后，又作《洛阳牡丹图》，其中提到"当时绝品可数者，魏红窈窕姚黄肥。寿安细叶开尚少，朱砂玉版人未知。"可见在欧阳修作《洛阳牡丹记》时，细叶寿安红还是非常珍稀的牡丹品种，并不常见。南宋诗人范成大在《寿安红》诗中吟诵道："丰肌弱骨自喜，醉晕妆光总宜。独立风前雨里，嫣然不要人持。"对寿安牡丹花瓣虽弱，但风骨倔强的品格赞颂不已。

倒晕檀心者，多叶，红花。凡花近萼色深，至其末渐浅。此花自外深色，近萼反浅白，而深檀点其心[①]，此尤可爱。

袁江《花果图》（局部）

【注释】

①檀（tán）：浅绛色，或浅赭色。

【译文】

倒晕檀心牡丹，重瓣，红色花朵。一般的牡丹花接近花萼的部分颜色深，到花瓣末梢逐渐变浅。而这种牡丹是花瓣末梢颜色深，接近花萼的部分颜色反而浅白，且长有深檀色的花心，这使得它尤其招人喜爱。

【点评】

唐代段成式《酉阳杂俎》中记载："兴唐寺有牡丹一窠。元和中，着花一千二百朵，其色有正晕、倒晕、浅红、浅紫、深紫、黄、白檀等，独无深红。”元和为唐宪宗于806年至820年所用年号，其时，兴唐寺的牡丹已经非常兴盛，开花一千二百余朵，颜色缤纷，倒晕色已然位列其中。

一擫红者，多叶，浅红花。叶杪深红一点[①]，如人以三指擫之。

【注释】

①杪（miǎo）：末尾，末梢。

【译文】

一擫红牡丹，千瓣，浅红色花朵。花瓣末梢只有一点深红色，就像被人用三个指头轻轻捻过一样。

【点评】

一擫红又作“一捻红”，《牡丹荣辱志》将其列为“世妇”品第中。王象晋《群芳谱》中记载了一捻红得名的优美传说。相传天宝年间，杨贵妃有一次在粉妆之后，将用剩的胭脂涂抹到牡丹花上。没想到，这一无心之举，竟然孕育出牡丹品种。第二年，这株牡丹开出的花瓣上都有杨妃指印红迹，被视为祥瑞之兆，唐玄宗李隆基欣喜异常，立即传诏命名这种牡丹为“一捻红”。

九蕊真珠红者，千叶，红花。叶上有一白点如珠，而叶密蹙其蕊为九丛[①]。

【注释】

①蹙（cù）：原指紧迫、急促，引申为逼近、减缩。

【译文】

九蕊真珠红牡丹，千瓣，红色花朵。花瓣上有一斑点，颜色白如珍珠。由于花瓣繁密多匝，迫使其花蕊局促缩减分为九丛。

一百五者，多叶，白花。洛花以谷雨为开候①，而此花常至一百五日开②，最先。

【注释】

①谷雨：中国二十四节气之一，每年公历4月19日—21日为谷雨节气。这一节气适宜播种农作物，有“萍始生，鸣鸠拂其羽，戴胜降于桑”三候。牡丹常于谷雨前后开放，故又被称为“谷雨花”。

②一百五：冬至后一百零五天即为寒食，因此寒食又名“一百五”。宋葛立方《韵语阳秋》云：“自冬至一百有五日至寒食，故世言寒食皆称一百五。”

【译文】

一百五牡丹，重瓣，白色花朵。洛阳地区一般以谷雨节气为牡丹开放的时间，但是这种牡丹常常在寒食节时就开放了，是诸品种牡丹中开花最早的。

【点评】

王象晋《群芳谱》中说，一百五牡丹古名“灯笼”，是重瓣白牡丹的代表，其花冠大如碗，花瓣长三寸许，长有黄色花蕊和深檀色花心。这种牡丹枝叶高大，外形类似天香一品牡丹，而叶片稍大且尖长。一百五牡丹有着非常奇特的名字，并非因其开花朵数，也非因其颜色，而是其开花在寒食节，比其他牡丹早半个月之久，是诸牡丹品种中最先开放的。仅次于一百五开放的牡丹是探春球，也是在谷雨前开花。这两种牡丹都以开花甚早称奇。

丹州、延州花者，皆千叶，红花。不知其至洛之因。

【译文】

丹州红牡丹、延州红牡丹，都是千瓣，红色花朵。不知道它们是如何传播到洛阳的。

【点评】

丹州、延州是牡丹的原生地之一，丹州红、延州红应当是较早的牡丹原生品种。至今，延安的万花山又名牡丹山，仍存有千年的野生牡丹，是中国牡丹的四大野生驯育基地之一。

蒋廷锡《花卉四条屏》

据《酉阳杂俎》记载，隋代的种植书中还不曾提到牡丹，说明那时牡丹的驯化范围很小。至唐开元末，郎官裴士淹奉使幽州和冀州回朝，路过汾州众香寺时，得白牡丹一株，将其移植于长安私第。这是长安士大夫中栽植牡丹的较早记载。到天宝中，牡丹已经成为京城奇观，大面积传播开来。至德年间，马仆射又得红、紫二色牡丹品种，移栽于长安城中，使得长安牡丹的花色愈加繁富无比。

莲花萼者，多叶，红花。青趺三重①，如莲花萼。

【注释】

①趺（fū）：花萼。

【译文】

莲花萼牡丹，重瓣，红色花朵。花冠下衬托着多层青色花萼，像莲花萼一样。

【点评】

牡丹自进入长安仕宦生活以后，便以强劲势态传播开来。《国史补》云："长安贵游尚牡丹三十余年，每春暮，车马若狂，以不就观为耻。人种以求利，一本有直数万者。"可见当时崇尚牡丹已经蔚成风气。唐代苏鹗《杜阳杂编》记载了宫中种植牡丹的一则奇事。唐穆宗曾经在殿前种有一株千瓣牡丹，每当花开之时，香气袭人，一朵千瓣，硕大而且红艳。穆宗皇帝每睹盛开，辄叹曰人间未有。尤为奇特的是，自从这株牡丹开放以后，宫中每晚都有数万黄色和白色蛱蝶飞舞于花丛中，黄白辉映绚丽，直到拂晓这些蝶儿方才散去。唐穆宗命人在空中张设网罗，能在殿中捕到数百只蛱蝶，众人追捕嬉乐，待到天明一看，这些蝶儿都由金玉制成，雕刻工巧，无与伦比。宫中内人争相用绛缕拴住蝶脚，用来当首饰，每到晚间就有精光从妆奁中射出。后来，人们打开宫中府库，发现在金钱玉屑之中，有蠕蠕蛹者，有化为蝶者，这时大家才明白，原来那些黄白蛱蝶是由宫中宝藏里的金玉变化而成的。

左花者，千叶，紫花，出民左氏家[1]。叶密而齐如截，亦谓之平头紫。

陈海樵《牡丹图》

【注释】

①出民左氏家：此句《百川学海》本脱漏，据周本补。

【译文】

左花牡丹，千瓣，紫色花朵，产自民间左氏人家。花瓣繁密，长势齐整，就像经过人工截平一样，也叫做平头紫。

【点评】

魏花问世之前，左花堪称牡丹第一。欧阳修在《洛阳牡丹图》中云"传闻千叶昔未有，只从左紫名初驰"，这是说牡丹最早多是单瓣的和重瓣的，千瓣牡丹非常少见，正是从左花开始，千瓣牡丹才驰名天下。

牡丹的花型根据花瓣层次的多少，传统上可分为单瓣（单叶）、重瓣（多叶）、千瓣（千叶）三大类。如今，人们又把牡丹花型分为单瓣型、荷花型、菊花型、蔷薇型、托桂型、金环型、皇冠型、绣球型、千层台阁型、楼子台阁型等10类。经过多年研究，人们发现牡丹花型的演进主要是沿着两种途径进行的，一是花瓣自然增多，二是雄蕊瓣化。荷花型、菊花型、蔷薇型、千层台阁型是花瓣自然增多所致，而托桂型、金环型、皇冠型、绣球型、楼子台阁型则属于雄蕊瓣化的结果。

朱砂红者[1]，多叶，红花，不知其所出。有民门氏子者，善接花以为生，买地于崇德寺前②，治花圃，有此花。洛阳豪家尚未有，故其名未甚著。花叶甚鲜，向日视之如猩血③。

【注释】

①朱砂：也作硃砂，矿物名，为炼汞的主要原料，也可以作颜料和药剂。后来亦指牡丹或海棠的品种。

②崇德寺：《宋史·石守信传》载："守信累任节镇，专务聚敛，积财钜万。尤信奉释氏，在西京建崇德寺，募民辇瓦木，驱迫甚急，而佣直不给，人多苦之。"熙宁五年（1072）正月，司马光曾将《资治通鉴》史局由汴梁迁至洛阳崇德寺。

③猩血：指鲜红色。

【译文】

朱砂红牡丹，千瓣，红色花朵，不知道产自何方。有民间门氏后人，擅长嫁接牡丹并以此谋生，他曾经买下崇德寺前的地块，修筑成花圃，里面就有这种牡丹。当时洛阳的富豪巨室尚且没有此品种，因此它的声名不十分显著。这种牡丹的花瓣颜色异常鲜丽，对着日光看就像猩红血色一样。

【点评】

朱砂红牡丹以花瓣颜色鲜丽亮红著称，王象晋《群芳谱》记载此品牡丹"宜阴"，喜好背阴，不喜光照。欧阳修曾在《洛阳牡丹图》中云："寿安细叶开尚少，朱砂玉版人未知。"这表明朱砂红刚出世时非常罕见，就是洛阳豪门大户中也不曾有，因为它是经由当时著名花匠门氏嫁接而成的新品种。

两宋时期，随着人们赏花需求的不断增长，园艺水准也获得较大提高，汴梁、洛阳、成都等大中城市，出现了专门靠嫁接花卉和果树为生的园艺匠人群体，他们被称为"花户"、"花工"、"园门子"等。这批专业花卉艺人都有较高造诣，"批红判白，接以他木，与造化争妙"，培养了品类繁多的果木花卉品种。英国著名生物学家达尔文在《动物和植物在家养下

蒋廷锡《仿元人笔意蝴蝶花卉图》

的变异》一书中曾经指出："按照中国的传统来说，牡丹的栽培已经有一千四百年了，并且育成了二百到三百个变种。"这些变种中就有许多是靠嫁接来获得的，例如这种朱砂红牡丹。其实，这位门氏既可能是东门氏，亦可能是西门氏，还可能是"门园子"的讹称，并不一定专指门姓艺人。然而，不可否认的是，中国是世界上较早发明和应用嫁接技术的国家之一，为世界花木繁育做出了重要贡献。

叶底紫者，千叶，紫花，其色如墨，亦谓之墨紫。花在丛中，旁必生一大枝，引叶覆其上，其开也，比他花可延十日之久。噫！造物者亦惜之耶！此花之出，比他花最远。传云唐末有中官为观军容使者①，花出其家，亦谓之军容紫，岁久失其姓氏矣。

【注释】

①观军容使：官名，唐代后期由监军发展而成的使职，一般由宦官充任，全称为观军容宣慰处置使。

【译文】

叶底紫牡丹，千瓣，紫色花朵，因其颜色紫黑如墨，也叫做墨紫牡丹。这种牡丹长在花丛中，它的旁侧一定会生出一条大枝，长满叶片覆盖在花蕾上，它开放的时间要比其他牡丹拖延十日之久。噫！大概是大自然造物主也怜惜它吧！这品牡丹的出现时间，比其他牡丹都要久远。相传唐末有一位中官，当过观军容使，此牡丹就出自他家，所以也叫做军容紫。只是年岁久远，他的姓氏已不可考了。

玉板白者，单叶，白花。叶细长如拍板，其色如玉而深檀心。洛阳人家亦少有，余尝从思公至福严院见之①，问寺僧而得其名，其后未尝见也。

【注释】

①福严院：洛阳佛寺，司马光有《和任开叔观福严院旧题名》诗云："二十二年如转目，洛阳不改旧时春。"

【译文】

玉板白牡丹，单瓣，白色花朵。花瓣纤细直长，像拍板一样，颜色温润洁白如玉，长有深檀色花心。洛阳城里人家也少有此品种，我曾经跟随钱思公到福严院见过这种牡丹，经询问寺中僧人才知道它的名字，但以后再没有见过它。

颜岳《花鸟图》

【点评】

玉板白又作"玉版白"，这是牡丹白色品种里的代表。明代著名文学家李东阳曾经写过一首《镜川先生宅赏白牡丹》诗，其中有名句"玉堂天上清，玉版天下白"，表达了对玉板白的高度赞赏。"幸从清切地，见此纯正色。"李东阳认为生长出这样清白纯正牡丹的地方，一定是像天上玉堂那样的清切之地。他仔细观赏了玉板白以后，以"露苞春始凝，脂萼晓新坼。檀深蔼薰心，绛浅微近积"点出了此品牡丹的花容特征，特别是"檀深蔼薰心"与欧记中所云"深檀心"颇为吻合。随即李东阳诗锋一转，"先生无物玩，聊以物自适。澹哉君子怀，富贵安可易"，抒发了对君子清高无欲，淡泊富贵高尚品格的景仰，也表露出对富贵牡丹中能有此清白纯正品种的惜爱，将托物言志之笔法发挥得恰到好处。

潜溪绯者，千叶，绯花，出于潜溪寺[①]。寺在龙门山后[②]，本唐相李藩别墅[③]。今寺中已无此花，而人家或有之。本是紫花，忽于丛中特出绯者，不过一、二朵，明年移在他枝，洛人谓之转音篆枝花，故其接头尤难得。

【注释】

①潜溪寺：又名斋祓寺，唐贞观十五年（641）建。在今河南洛阳南龙门西山北部，为唐东都洛阳龙门十寺之一。

②龙门山：即伊阙山，在今河南洛阳南二十五里。

③李藩（754—811）：字叔翰，赵郡人。少恬淡修检，雅容仪，好学。年四十余未仕，读书扬州，困于自给，妻子儿女埋怨他，他也悠然自得不计较。元和中拜相，以人品清正自持。

【译文】

潜溪绯牡丹，千瓣，绯色花朵，原产于潜溪寺。此寺在龙门山背后，原本是唐朝宰相李藩的别墅。现今寺中已经没有这种牡丹，而在普通人家有的还保留此花。此品原是紫色花朵，忽而在花丛中变异出了绯色花朵，只不过有一两朵，第二年将其移接到其他牡丹砧木上，洛阳当地人管这种嫁接叫转枝花，因此，这种牡丹的花头尤其难以寻得。

【点评】

欧阳修在《洛阳牡丹图》中曾经用“四十年间花百变，最后最好潜溪绯”来赞美潜溪绯的姣好花容，在他心目中，不管四十年间涌现出多少牡丹珍奇品种，都比不上虽姗姗来迟却集众姿妍于一身的潜溪绯。那么，潜溪绯为什么会得到欧阳修如此高的评价呢？主要是因为其一株而开双色花。潜溪绯能在同一植株上同时开出紫色与绯色的花朵，真可谓造化钟神秀。现代牡丹品种里的“二乔”即可同时开出深红（紫红）与浅红（绯色）的花朵，二乔是否即是宋代的潜溪绯，尚无法定论，但是宋人所谓的“转枝花”大体就是二乔花容之类的牡丹

徐熙《玉堂富贵图》

品种。周师厚《洛阳牡丹记》中有“二色红”开深红和浅红二色花，薛凤翔《亳州牡丹史》中有“转枝”能开红色和白色花，都是牡丹中的奇品。

不过，王象晋《群芳谱》中又载有“锦袍红”，云其“古名潜溪绯，深红，比宝楼台微小而鲜粗，树高五、六尺，但枝弱，开时须以杖扶，恐为风雨所折，枝叶疏阔，枣芽小弯”。二品色形皆不相同，不知这锦袍红与潜溪绯是如何关联在一起的，姑且存疑。

鹿胎花者，多叶，紫花，有白点如鹿胎之纹。故苏相禹珪宅今有之①。

【注释】

①苏相：即苏禹珪（894—956），字元锡，五代高密人。家世儒学，以五经中第。后晋时，官至检校户部郎中。后汉初，拜中书侍郎、平章事。后周世宗时，封莒国公。

【译文】

鹿胎花，重瓣，紫色花朵。花瓣上有白色斑点，像鹿腹的纹络一样。已故苏禹珪相国家里现在有这种牡丹。

【点评】

鹿胎之称本属于一种纹饰，即紫底白斑花纹，又称鹿胎紫。这种纹饰创于六朝时期，东晋陶潜《搜神后记》云：“淮南陈氏于田中种豆，忽见二女子，姿色甚美，着紫缬襦（xié rú，有花纹的短袄）、青裙，天雨而衣不湿。其壁先挂一铜镜，镜中见二鹿，遂以刀斫获之，以为脯。”这是关于鹿胎紫的最早记载。由此可知，鹿胎花是一种开紫色带白斑花朵的牡丹。

陆游《天彭牡丹谱》中又记有一种“鹿胎红”，乃“鹤翎红子花也，色微带黄，上有白点如鹿胎，极化工之妙”。这是一种红黄底白斑的牡丹，与鹿胎花截然不同。

多叶紫，不知其所出。初，姚黄未出时，牛黄为第一；牛黄未出时，魏花为第一；魏花未出时，左花为第一。左花之前，唯有苏家红、贺家红、林家红之类，皆单叶花，当时为第一。自多叶、千叶花出后，此花黜矣，今人不复种也。

【译文】

多叶紫牡丹，不知道其出自何方。当初，姚黄没有问世时，牛黄位居第一；牛黄没有出现时，魏花位列第一；魏花没有面世时，左花排名第一。而在左花出世之前，还有苏家红、贺家红、林家红之类，都是单瓣的牡丹，当时都列为第一。自从千瓣的牡丹问世以后，这种牡丹就被摈弃不提了，当今人们再没有种植它的了。

【点评】

如何对牡丹品第进行欣赏和评判，这是一项专门的审美活动。明代赏花大家薛凤翔对此有精到的研究，并以神品、名品、灵品、逸品、能品、具品等六个级别来区分牡丹品第。

薛凤翔在《亳州牡丹表》中云：“昔班孟坚作人表，次第有九。钟嵘评诗，列品惟四。则物之巨细精粗必有分矣，况于神花变幻百怪总归巨丽，藉使欣赏失伦，则何以当造化、谢花神乎？”他认为班固作《汉书》，将历史人物分成九个层次，钟嵘写《诗品》也将诗作分为四类，看来事物无论大小精粗都要有所区分，何况变幻无穷的牡丹呢？如若不然，假使良莠不齐，优劣不分，品评牡丹没有规矩，那怎么对得起自然造化和花神呢？

孔雀牡丹青花釉里红瓶

他认为，凡是具备“意远态前，艳生相外，灵襟洒落，神光陆离，如𬟽如翔，欲惊欲狎，譬巫娥出峡，宓女凌波”这样姿容与品格的牡丹，都可以称作“神品”，比如天香一品、娇容三变、无上红等；凡是具备“玉润珠明，光华韶佚，瑰姿艳质，悸魄销魂，意者汉室之丽娟、吴宫之郑旦矣”这样容品的牡丹，皆可称为“名品”，如胜娇容、醉玉环之类是也；凡是具备“诡踪幻迹，异派殊宗，骋色流晖，不恒一态，岂龙𪓟乎，抑狐尾也”这样资质的牡丹，可称为“灵品”，譬如合欢娇、转枝等；而具备“品外标妍，局中兢秀，盈盈吴氏之绛仙，袅袅霍家之小玉”之姿态的牡丹，可称为“逸品”，如瓜穰黄、非霞、洛妃之类；又有“绛唇玉貌，腻肉平肌，望灵芸于琼楼，阅丽华于藻井，都自撩人，总堪绝代”者，可称为“能品”，以珊瑚楼、蒨月红、桃红凤头为代表；最后是“媚色娟如，粉香沃若，徐娘老去，毕竟风流，潘妃到来，犹然羞涩，大雅不作，余馨尚存”的品种，可称为“具品”，王家红、状元红、腰金紫之类是也。

牡丹初不载文字，唯以药载《本草》。然于花中不为高第，大抵丹、延已西及褒斜道中尤多[①]，与荆棘无异，土人皆取以为薪。自唐则天已后，洛阳牡丹始盛，然未闻有以名著者。如沈、宋、元、白之流[②]，皆善咏花草，计有若今之异者，彼必形于篇咏，而寂无传焉。唯刘梦得有《咏鱼朝恩宅牡丹》诗[③]，但云“一丛千万朵”而已，亦不云其美且异也。谢灵运言“永嘉竹间水际多牡丹”[④]，今越花不及洛阳甚远，是洛花自古未有若今之盛也。

【注释】

①褒斜道：自今陕西眉县沿斜水及其上源石头河，经今陕西太白，循褒水及其上源白云河至汉中的交通要道，长四百七十余里，沟通秦岭南北，为古代著名陆上通道。

②沈、宋、元、白：沈宋是初唐诗人沈佺期和宋之问的合称，他们的五七言近体诗歌作品标志着五七言律体的定型。元白是中唐诗人元稹和白居易的并称，他们同为新乐府运

动的倡导者，文学观点相同，作品风格相近。

③刘梦得：即刘禹锡（772—842），字梦得，彭城（今江苏徐州）人，唐代中晚期著名诗人、哲学家。鱼朝恩（722—770）：泸州泸川（今四川泸县）人，唐代著名擅权大宦官。刘禹锡《浑侍中宅牡丹》："径尺千余朵，人间有此花。今朝见颜色，更不问诸家。"

④谢灵运（385—433）：原名谢公义，字灵运，浙江会稽（今浙江绍兴）人，东晋末到南朝宋时著名诗人，我国山水诗派的开创者。因袭封康乐公，又称谢康公、谢康乐。

【译文】

牡丹之名当初并不见记载于文字，只是被当作药材收录在《本草》中。在花卉中它也算不上名贵，大致在丹州、延州以西地区，以及褒斜道中生长最多，被人视为与荆棘没有什么区别，当地人都伐取来当柴烧。自从唐朝武则天以后，洛阳城栽培牡丹开始兴盛起来，但是也没听说有特别出名的品种。像沈佺期、宋之问、元稹、白居易这样的大诗人，都擅长吟咏花草，考察若有现今牡丹这样瑰丽异常的花卉，他们一定要成篇累牍地咏叹，但实际是唐代关于牡丹的文学描写疏寂无声，没有多少佳作流传。只有刘禹锡歌咏鱼朝恩家牡丹的诗作，不过说"一丛千万朵"而已，也没强调牡丹的美丽与瑰异。谢灵运曾经说"永嘉竹间水际多牡丹"，如今越州牡丹的品质与洛阳牡丹相差很远，确实洛阳牡丹自古以来没有像今天这样繁盛啊！

【点评】

越地很早就有栽植牡丹的习俗，谢灵运所云"永嘉竹间水际多牡丹"即是明证。不过，在六朝时期，牡丹在浙江地区并没有大面积分布，也没有形成赏花风气。直到唐代大诗人白居易任职杭州以后，着力推崇牡丹，越地牡丹才迎来一个兴盛时期。唐代范摅《云溪友议》记载："白乐天初为杭州刺史，令访牡丹花。独开元寺僧惠澄近于京师得之，始植于庭，阑围甚密，他处未之有也。时春景方深，惠澄设油幕覆牡丹，自此东越分而种之矣。"可知越地牡丹的种植与白居易和释惠澄的努力是分不开的。

牡丹在越地传播开来以后，许多人尚且不认识这种花卉。唐元和诗人徐凝曾有诗云：

“此花南地知难种，惭愧僧闲用意栽。海燕解怜频睥睨，胡蜂未识更徘徊。虚生芍药徒劳妒，羞杀玫瑰不敢开。惟有数苞红幞在，含芳只待舍人来。”诗中僧人指惠澄，舍人指白居易，以海燕睥睨、胡蜂徘徊形容越人不识牡丹，又以芍药虚生、玫瑰羞杀喻指牡丹花姿名不虚传，两组拟人手法形象生动，将牡丹在越地初开之情景描摹殆尽，不禁令人莞尔一笑。

后来，僧仲殊在《越中牡丹花品序》中说：“越之好尚惟牡丹，其绝丽者三十二种，始乎郡斋，豪家名族，梵宇道宫，池台水榭，植之无间。来赏花者，不问亲疏，谓之‘看花局’。泽国此月多有轻云微雨，谓之‘养花天’。”郡斋是郡守的起居处，此处仍指代白居易。也就是说，自白居易以后，越地才真正实现了“竹间水际多牡丹”，看花局与养花天之盛似不亚于中原。

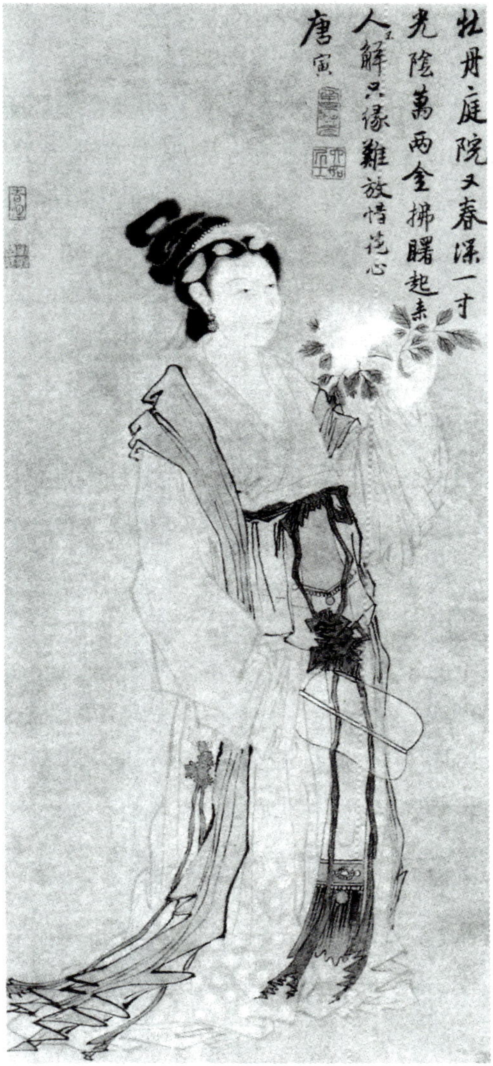
牡丹庭院又春深一寸
光陰萬兩金拂曙起来
人解只緣難放惜花心
唐寅

唐寅《牡丹仕女图》

风俗记第三

洛阳之俗，大抵好花。春时，城中无贵贱，皆插花①，虽负担者亦然。花开时，士庶竞为游遨②，往往于古寺废宅有池台处为市，并张幄帟③，笙歌之声相闻。最盛于月陂堤④、张家园、棠棣坊、长寿寺东街与郭令宅，至花落乃罢。

【注释】

①插花：即把花插在瓶、盘、盆等容器里的一门花卉造型艺术。在宋代，插花、挂画、点香、品茗被称为生活四艺。

②游遨（áo）：游乐。

③并：他本皆作“井”，读上句“为市井”。幄（wò）：篷帐。帟（yì）：张设在幄中用以承接尘土的小幕。

④陂（bēi）：池塘、湖泊。堤（dī）：用土石修成的挡水建筑物。

【译文】

洛阳城的习俗是人们大都喜好牡丹花。春季，城中无论尊贵贫贱都插艺牡丹，甚至佩戴牡丹，即使挑担穿巷者也一样。等到牡丹开放时，士大夫和平民百姓争相游乐。人们往往在古寺或废弃宅院有池塘台榭的地方辟为市场，铺设帐篷帷幕，声乐歌咏不绝于耳。最热闹的要数月陂堤、张家园、棠棣坊、长寿寺东街和郭令宅等地方，要持续到牡丹凋谢才会结束。

【点评】

“洛阳地脉花最宜，牡丹尤为天下奇。”宋代西京洛阳牡丹之盛况，堪称空前绝后。宋人张邦基在《墨庄漫录》中记载：“西京牡丹闻于天下。花盛时，太守作万花会。宴集之所以花为屏帐，至梁、栋、柱、栱，悉以竹筒贮水，簪花钉挂，举目皆花也。”每年春季牡丹绽放时节，洛阳官方都会举办“万花会”，类似于今日的“牡丹节”。万花会期间，洛阳人无论贵贱尊卑，纷纷约集宴饮，歌舞升平，品鉴洛阳花。更称奇的是，宴会场所竟然以牡丹花为屏帐，梁栋柱栱皆以竹筒制成，内装满水，然后将盛开的花朵钉挂其上，以使其久开不败，如此而打造出花之殿堂。

北宋时，不仅洛阳人爱牡丹、赏牡丹，赏花风气已经扩散到大江南北。苏轼身为杭州通判时，亲身经历了杭州人追捧牡丹的热闹场景。他在《牡丹记序》中说："熙宁五年（1072）三月二十三日，余从太守沈公观花于吉祥寺僧守璘之圃。圃中花千本，其品以百数。酒酣乐作，州人大集，金盘彩篮以献。于坐者五十有三人，饮酒乐甚，素不饮者皆醉。自舆台皂隶皆插花以从，观者数万人。"苏轼与杭州太守沈立同游吉祥寺花圃，该花圃为僧人守璘所建，内植牡丹一千余株，包含一百余种牡丹。当时牡丹盛开，大家饮酒唱乐，前来赏花的人越来越多。苏轼一行人饮酒甚乐，就连素不饮酒的人都喝得酩酊大醉。自上而下，大家都插佩牡丹，引得数万人前来观赏。

洛阳至东京六驿①，旧不进花，自今徐州李相迪为留守时始进御②。岁遣牙校一员③，乘驿马，一日一夕至京师。所进不过姚黄、魏花三数朵④，以菜叶实竹笼子，藉覆之⑤，使马上不动摇，以蜡封花蒂，乃数日不落。

【注释】

①驿：驿站。这里作量词，指计算道路长度的单位，两个驿站之间的距离为一驿。

②李相：即李迪（971—1047），字复古，宋真宗景德二年状元，累官至将作监丞、右谏议大夫、集贤院学士、知永兴军，两度拜相。进御：进呈御前使用。

③牙校：低级武官。

④三数朵：义指数量不多，不超十数，可理解为三五朵。

⑤藉：草垫。

李嵩《花篮图》

【译文】

洛阳到东京汴梁有六驿路程，以往并不进贡牡丹，自从如今相国李迪做留守以后，才开始向宫中进呈御用。每年派遣一名低级武官负责此事，骑上驿马，一昼夜就能抵达京师，所进贡的不过是姚黄、魏花等三五朵。用菜叶塞实装牡丹的竹笼子，上面用草垫子盖好，以使牡丹在马上不会摇晃受损，再用蜡固定花蒂，就会几天不败落。

【点评】

王象晋《群芳谱》中专门提到“翦花”的问题，“花宜就观不可轻翦，欲翦亦须短其枝，庶不伤干。又须急翦，庶不伤根。既翦，旋以蜡封其枝。翦下花，先烧断处，亦以蜡封其蒂，置瓶中，可供数日玩。或养以蜂蜜，芍药亦然。如已萎者，翦去下截烂处，用竹架之水缸中，尽浸枝梗，一夕复鲜。若欲寄远，蜡封后，每朵裹以菜叶，安竹笼中，勿致摇动，马上急递，可致数百里”。这就告诉人们，牡丹最好只供观赏，不要轻易剪截。如欲剪花，也应当少带枝柄，防止伤及花干，并且剪的时候须动作迅速，方能不伤牡丹花根。剪完以后，马上就用蜡封护住伤口。剪下来的牡丹花头也要进行处理，先用火烧断柄处，然后以蜡封住花蒂，插在瓶中，可以保持数日开放。如果牡丹已现萎缩之态，应剪下腐烂处，把它放到竹架上，使枝梗浸泡在水中，一夜工夫花朵就可以恢复鲜艳。如果想要往远方投寄，则先把牡丹花蒂用蜡封牢，再用菜叶裹住花朵，放置在竹笼里，盖上草垫，勿使花朵晃动不稳，这样就能把鲜花送达几百里之外。

大抵洛人家家有花，而少大树者①，盖其不接则不佳。春初时，洛人于寿安山中斲小栽子卖城中②，谓之山篦子③。人家治地为畦塍种之④，至秋乃接。接花工尤著者一人，谓之门园子盖本姓东门氏，或是西门，俗但云门园子，亦由今俗呼皇甫氏多只云皇家也⑤，豪家无不邀之。姚黄一接头直钱五千，秋时立券买之⑥，至春见花乃归其直。洛人甚惜此花，不欲传，有权贵求其接头者，或以汤中蘸杀与之⑦。魏花初出时，接头亦直钱五千，今尚直一千。

【注释】

①树：本干。

②斲（zhuó）：砍，削。

③山篦子：野生植株。牡丹嫁接在明代以前主要用野生植株作砧木。

④畦（qí）：田园中的小块地。塍（chéng）：田间的土埂子。

⑤东门氏：复姓。春秋时期，鲁庄公的儿子公子遂，字襄仲，居东门，号东门襄仲。其后人遂以东门为氏。《百川学海》本无注，今据周本和欧阳衡本补注。

⑥券（quàn）：古代用于买卖或债务的契据。书于简牍，常分为两半，双方各执其一，以为凭证。后用帛和纸书写。

⑦汤：热水，沸水。蘸（zhàn）：将物体浸入液体或粉状物中。

【译文】

大致洛阳人家家栽种牡丹，但却少有较大植株的，因为牡丹不经嫁接就长不出好品种。初春时节，洛阳人到寿安山中砍小栽子，贩卖到城里，称为山篦子。一般人家修整田地成畦垄，栽种牡丹，到秋季进行嫁接。城中有一位非常著名的接花工，绰号“门园子”，因为他本姓东门氏，也许姓西门，一般人只称呼他“门园子”，就像今天称呼皇甫氏为“皇家”一样，富豪大家都聘请他接牡丹。姚黄牡丹一个接头就价值五千文钱，秋天时买卖双方立下契据，待到来年春天看到牡丹开花，才支付这五千文钱。洛阳人特别珍惜这个品种，不想外传，遇有权贵来索要姚黄接头，有人就把姚黄接头浸在沸水中杀死，然后交给权贵。魏花牡丹刚出世

蒋廷锡《花卉图》镜心

时，接头也值五千文钱，现在还值一千文钱。

【点评】

洛阳乃藏龙卧虎之地，花户云集，能工巧匠，各有千秋。唐宋时期，许多园艺大师都是洛阳人。托名柳宗元的《龙城录》记载："洛人宋单父，字仲孺，善吟诗，亦能种艺术。凡牡丹变易千种，红白斗色，人不能知其术。上皇召至骊山植花，万本色样各不同，赐金千余两，内人皆呼为花师，亦幻世之绝艺也。"宋单父技艺高超，能培养出众多的牡丹佳品，特别是红白斗色的双色牡丹，更堪称人中绝技，无人能晓。不过，中国古代技艺的传承都有一定的封闭性，导致许多绝技都先后失传了，这是非常令人惋惜的。红白双色牡丹的栽培技艺也没能幸免，明代中期这个品种还有记载，但今天这个品种已经失传了。

接时须用社后、重阳前①，过此不堪矣。花之本，去地五、七寸许截之，乃接，以泥封裹，用软土拥之，以蒻叶作庵子罩之②，不令见风日。唯南向留一小户以达气，至春乃去其覆。此接花之法也用瓦亦可。

【注释】

①社：传说中的土地神，又指祭祀土地神的节日。《岁时广记·社日》载："《统天万年历》曰：'立春后五戊为春社，立秋后五戊为秋社。'"此处指秋社。

②蒻（ruò）：嫩蒲草。庵（ān）：圆顶草屋。

【译文】

嫁接时机必须选在秋社以后，重阳之前，超出这一时间范围，就开不出好花了。在牡丹的主干上，距离地面五至七寸左右的位置截取，然后嫁接，用膏泥粘封包裹严实，再用软土在四周围培起来，外面罩上蒲草做成的小草屋，避免风吹和日晒。只在向南的一侧开一单扇小门，用来换气，等到春天的时候再把这些覆盖的东西都去除。这就是嫁接牡丹的方法，用瓦瓮罩在外面也可以。

【点评】

宋人吕本中在《童蒙训》记载了一则洛阳人辨别花品的小故事："康节访赵郎中，与章子厚同会。子厚议论纵横，因及洛中牡丹之盛。赵曰：'邵先生，洛人也，知花甚详。'康节因言：'洛人以见根拨而知花之高下者，上也。见枝叶而知高下者，次也。见蓓蕾而知高下者，下也。如公所说，乃知花之下也。'章默然。"故事中，康节就是指邵康节，即北宋著名哲学家、易学家邵雍，赵郎中即赵抃，章子厚即宰相章惇。三人相会在一起时，章惇高谈阔论，言及洛阳牡丹的盛况，颇为自得。没想到赵抃说，邵雍就是洛阳本地人，他了解牡丹甚为详细。邵雍趁机想打打章惇的气焰，说："我们洛阳人品鉴牡丹的高下，只看根就知道品第优劣的是高水平的人，凭看枝叶而知道品第优劣的是中等水平的人，而通过看花蕾来判断花品优劣的是低水平的人。依你所云，乃是低水平的人。"简短的几句话，既合乎情理，又富含深意，使得夸夸其谈、班门弄斧的章惇顿时哑口无言。

种花必择善地，尽去旧土，以细土用白敛末一斤和之[①]。盖牡丹根甜，多引虫食，白敛能杀虫。此种花之法也。

【注释】

①白敛：亦作白苍、白蔹，为草质或基部稍木质的攀缘藤本，块根粗厚，呈纺锤状或圆柱状，可入药。味苦辛甘寒，有杀火毒，散结气，生肌止痛之效。和（huò）：搅拌。

【译文】

种植牡丹时一定要选择好地，把原有的土壤都挖除，换成用细土和白敛末掺和的新土。因为牡丹花根味甜，常常引来虫子啃食，而白敛就能够起到杀虫作用。这是种植牡丹的方法。

马逸人《富贵图》

【点评】

牡丹除了常用的分株、嫁接、扦插、压条等繁殖方法外，还可以播种繁殖。王象晋在《群芳谱》中就有关于牡丹“种花”的详细描述。“六月中，看枝间角微开，露见黑子，收置，向风处晒一日，以湿土拌，收瓦器中。至秋分前后三五日，择善地，调畦土，要极细，畦中满浇水，候干。以水试子，择其沉者，用细土拌白蔹末种之，隔五寸一枚。下子毕，上加细土一寸。冬时盖以落叶，来春二月内用水浇，常令润湿。三月生苗，最宜爱护。六月中以箔遮日，勿致晒损，夜则露之。至次年八月移栽。若待角干收子，出者甚少，即出亦不旺，以子干而津脉少耳。”最上好的牡丹种子不能熟透，否则太干燥而少津脉，种下去不容易出芽，即使出苗也长不健壮。因此，收藏牡丹种子也要保持一定湿度，最好用湿土包藏，以透气的瓦器来储存。牡丹下种的最佳时机是每年秋分前后的三五天，届时，选择土壤极细好地，开畦灌水，浇透晒干，然后把牡丹种子抛在水里，选择沉在水底的播种。为防止虫蛀，最好用白蔹末拌种下播。为防止受寒，在播种牡丹种子的地上要盖上落叶。春季及早浇水，这样三月就能见到牡丹出苗了。到了夏季，白天要用遮幕阻挡毒烈的阳光，到了晚上又要去除遮挡，以使牡丹通风透气。经过近一年的精心呵护以后，到次年八月，就可以移栽牡丹了。

浇花亦自有时，或用日未出，或日西时。九月，旬日一浇。十月、十一月，三日、二日一浇。正月，隔日一浇。二月，一日一浇。此浇花之法也。

【译文】

给牡丹浇水也自有一套时间讲究，有的在太阳没出来时浇，有的则在日头西坠时浇。九月份时，每隔十天浇一次水。十月和十一月份，每隔两、三天浇一次水。正月时，每隔一天浇一次水。到了二月份，就要每天浇一次水。这是浇灌牡丹的方法。

【点评】

如何对牡丹浇水，也是一门学问。王象晋在《群芳谱》中说：“寻常浇灌，或日未出，或夜既静，最要有常。”也就是最好选择是日出前或日落后对牡丹进行浇水，并且要坚持恒常，不能三天打鱼两天晒网。牡丹浇水还要特别注意月令和频率。正月只需浇一次水，且要等天气和暖才能浇水，如果地冻未解，切不可浇水。二月浇水三次即可。三月浇水五次。四月花开以后就不必浇水，否则花开不整齐。若遇有雨，则任雨淋之，也不宜使根旁有积水。待牡丹花谢以后宜养花，一日浇一次，十余天后就暂时停止，观该浇方浇。六月暑热时节忌讳浇水，唯恐损伤牡丹根须，致使来春开花不茂盛，即使干旱也不要浇水。七月以后，最好每隔七八日一浇水。八月剪除枯枝败叶，培上炕土，可五六日一浇水。九月时，每隔三五日一浇，但不能太频，否则会长秋叶，耗精力，来春不茂旺。如天气寒冷则更应减少浇水次数，若此时枝上渐渐长出橐芽，就知道浇水的功夫是否合适了。十月、十一月只需浇一次或二次，而且要选择在天气暖和，太阳升起时才能浇水，适可而止，不要伤水。有的人在天气寒冷时，用宰猪汤连同余垢来透浇一、二次牡丹，这样来年植株肥壮，适宜发花。十二月地冻时千万不可浇水。春天开冻时，除去炕土，浇水要缓缓进行。雨水和河水为首选，甜水次之，咸水不宜，最忌讳犬粪水。

一本发数朵者，择其小者去之，只留一、二朵，谓之打剥，惧分其脉也。花才落，便剪其枝，勿令结子，惧其易老也。春初既去蒻庵，便以棘数枝置花丛上①。棘气暖，可以辟霜，不损花芽，他大树亦然。此养花之法也。

【注释】

①棘（jí）：矮小丛生的酸枣树。

朱耷《磐石牡丹图》

【译文】

当一根牡丹主干上开出数朵花时，要捡花头小的摘除，只保留一、二朵较大的花朵，这叫做打剥，是害怕花朵过多会分散主干劲脉。当花朵凋落时，便用剪刀剪除花枝，不要让它结子，以防止主干容易衰老。春天到来时就要掀掉蒲草屋子，把数条酸枣树枝盖在花丛上。因为棘木生性气暖，可以抵挡寒霜，使其不能伤害到牡丹嫩芽，其他较大枝干也能起到同样作用。这是养牡丹的方法。

【点评】

牡丹花的修剪护理也需要一整套方法。一般说来，打掐牡丹枝杈最好在花朵凋谢后的五月份时行。掐枝时，只保留当顶的一芽，傍枝余朵都要摘除，这样会使花冠越开越大。若要存两枝，就留下两个红芽；若存三枝，就留三个红芽，其余芽尖都用竹针全部挑除。花芽上面的两层叶枝称为“花棚”，花芽下面的护枝称为“花床”，这两部分枝叶起到养命护胎的作用，尤其需要爱护。

牡丹自露出红芽至开放时，正好历经十个月，故曰花胎，颇似人之受孕成胎。花胎养成之时，正值农历八、九月时，需要每隔两年一次，把硫磺碾成面，拌上细土粉，然后挑开花根部土壤，放入硫磺土约深一寸左右，根外用土培高二、三寸许，确保花根免遭虫蛀。

天气转暖以后，一入春牡丹就渐露花蕾，这时为防止花蕾过多分解花力，等花蕾长到弹子大时，就须将其捻除，蓓蕾不实的也要摘去，只保留中间较大的二、三朵，这样使得花力集聚，花盘肥厚，色彩鲜艳。牡丹开花时一定要用高幕遮日，以使开花时间持久。待花败落以后便可以剪除花蒂，防止结子损耗来春之气，修剪时也不能太长，不要损伤花芽。夏伏天气中，仍然要遮护花芽，勿使日光灼伤，等日光不甚强烈时，再撤去遮幕。八月十五以后，要剪去败谢枝叶，只留花梗寸许，保存其津脉以养橐芽，但牡丹的花棚、花床部位绝不可剪。九月初，牡丹根部要培以细土，使再另生芽。冬季来临时，最好在花丛北面竖起草席，以阻挡风寒。冬至那天，研磨少许钟乳粉，和上硫磺，埋置在根下土中，这样即使不茂盛的牡丹也会健旺起来。另外，牡丹每掐一枝，必须用泥土或草纸封实，否则时间久了必成孔洞，经过虫钻水灌，会使牡丹整株枯萎，需要慎之又慎。

花开渐小于旧者，盖有蠹虫损之①，必寻其穴，以硫磺簪之②。其旁又有小穴如针孔，乃虫所藏处，花工谓之气窗，以大针点硫磺末针之，虫既死，花复盛。此医花之法也。

【注释】

①蠹（dù）：蛀虫。

②硫磺：又名硫磺块，外观为淡黄色脆性结晶或粉末，有特殊气味。簪（zān）：古代用来绾住发髻或连接冠帽的饰品，这里指插通。

【译文】

当牡丹开花比以往渐渐缩小时，那是因为受到了蛀虫的侵害，一定要找到虫穴，用簪子之类把硫磺捅到底。主根附近还有像针孔大小的小洞，就是蛀虫藏匿之处，花匠们通称为气窗。用大针点上硫磺末，抵刺在小洞里，蛀虫就被杀死了，牡丹花才会重新恢复健壮。这是给牡丹医治除虫的方法。

蒋廷锡《花鸟图》

【点评】

若要欣赏牡丹绚丽的花姿，必须懂得“卫花”。牡丹花根味甜，多吸引虫蚁蛀食，因此，在植栽牡丹时最好在花根部位放些白蔹末，使蛀虫不敢接近。为牡丹除虫，除了欧阳修提到的硫磺末外，还有中药百部也能起到杀虫的效果。另外，还有一种小蜂，能蛀食枝梗，秋冬季节就藏在枝梗中。又有一种红色蠹虫，能蛀食牡丹木心，都要找到其巢穴，或者装填硫磺末，或者用杉木钉钉之来杀虫。如果牡丹花长了白蚁，就用芝麻油从有蚁穴处浇进去，这样白蚁被杀死，牡丹花才会越开越茂盛。秋冬时节，待牡丹花叶落败时，拨开枯枝，寻穴除虫，一扫而光，也不失为除虫的好方法。农历五月初五端午节时，把上好的雄黄研成细末，加水调匀，在牡丹花根下浇一小酒盅，能确保牡丹不生虫子。

乌贼鱼骨用以针花树①，入其肤，花树死②，此花之忌也。

【注释】

①乌贼：鱼名，本名乌鲗（zéi），又名墨斗鱼、墨鱼，软体动物。体成袋状，背腹扁平，内有墨囊，遇敌则放出墨汁而逃。

②树：周本及欧阳衡本作“辄”。杨按，“花辄死”其义不明，是谓花朵凋谢，抑或植株死亡？故从百川学海本为宜。

【译文】

用乌贼鱼骨扎牡丹花的枝干，只要伤到其表皮，牡丹植株就会死亡，这是养牡丹的禁忌。

【点评】

王象晋《群芳谱》对养牡丹的禁忌叙述得更为详尽。不仅乌贼骨刺牡丹，牡丹必死，若是桂木刺伤牡丹，牡丹也会枯死。另外，牡丹又最忌麝香、桐油、生漆，一碰到这些气味，马上就会枯萎凋落。开封城中种牡丹的行家，往往在园旁种几株辟麝，枝叶有点像冬青，牡丹开花时正值辟麝吐发新叶，气味臭辣，能避免牡丹遭受麝香的侵害。倘若牡丹花为麝香所伤，一定要焚烧艾草和雄黄末，在上风向薰蔚花丛，就能解其毒。牡丹枝干忌讳用暖手抚摸摇撼，也忌与木斛栽种在一起，否则牡丹都活不长。花旁不要长草，防止夺走水肥；土壤也不可踏实，防止土壤透气不足。再有，王象晋还提到牡丹“初开时，勿令秽人、僧尼及有体气者采折，使花不茂”，这其中有无道理，很难说清，或许体现了作者对品行不端的人和佛教僧侣的一种偏见吧。

慈禧《牡丹图》镜心

蒋廷锡《岁朝清供图》

牡丹谱

洛阳牡丹记

[宋] 周师厚

周师厚，字敦夫，鄞县（今浙江宁波鄞州区）人。北宋仁宗皇祐五年（1053）中进士，为衢州西安令。后由制置条例司提举湖北常平、迁荆湖南路转运判官，又通判保州，累官至朝散郎。大概在宋哲宗元祐初（1086）卒。

周师厚一生中曾经两次造访洛阳，与牡丹结下了不解之缘。第一次是在宋神宗熙宁三年（1070）三月，他赴东都省亲路过西京洛阳，“始得游精蓝名圃，赏及牡丹，然后信向之所闻为不虚矣”，饱览洛阳牡丹之盛，深信不虚。第二次是在宋神宗元丰四年（1081），他官居洛阳，留心园艺，鉴赏洛花，搜求异品，在李德裕《平泉山居草木记》、欧阳修《洛阳牡丹记》等前人花谱著作的基础上，于元丰五年（1082）二月撰成《洛阳牡丹记》一卷。该书记载了当时洛阳的名贵牡丹品种55种，与欧阳修所记不同者高达46种，相同的仅为9种。谱中简录了牡丹的品名、花型、颜色及命名由来，可视为欧阳修《洛阳牡丹记》“花释名”篇的增补。

周师厚《洛阳牡丹记》又名《鄞江周氏洛阳牡丹记》，《说郛》、《古今图书集成·草木典·牡丹部》、《香艳丛书》、《植物名实图考长编》等皆有收录。

本书以《古今图书集成》本为底本，以宛委山堂《说郛》本和涵芬楼《说郛》本为参校本，整理校点。

各种牡丹

姚黄，千叶黄花也。色极鲜洁，精采射人，有深紫檀心，近瓶青旋心一匝[①]，与瓶并色，开头可八、九寸许。其花本出北邙山下白司马坡姚氏家[②]，今洛中名圃中传接虽多，惟水北岁有开者[③]。大抵间岁乃成千叶，余年皆单叶或多叶耳。水南率数岁一开千叶，然不及水北之盛也。盖本出山中，宜高，近市多粪壤[④]，非其性也。其开最晚，在众花凋零之后[⑤]，芍药未开之前。其色甚美，而高洁之性，敷荣之时[⑥]，特异于众花，故洛人贵之，号为花王。城中每岁不过开三数朵，都人士女必倾城往观，乡人扶老携幼，不远千里，其为时所贵重如此。

【注释】

①瓶：花房，雌蕊。青璇：美玉。旋，通“璇”。

②北邙山：又称邙山，在今河南洛阳市北，黄河南岸，为秦岭余脉，崤山支脉。

③水：即洛水，一作雒水。

④粪壤：秽土，肥土。

⑤凋（diāo）：草木零落。

⑥敷（fū）荣：开花。

【译文】

姚黄牡丹，千瓣，黄色花朵。颜色极其鲜艳光洁，优美动人，长着深紫檀色花心，接近雌蕊的花瓣渐变为青色美玉般一圈，与雌蕊

吴观岱《牡丹仕女图》

同样颜色，花冠可达八、九寸。这种牡丹原本产于北邙山下白司马坡姚氏家，现今洛阳城里的有名花圃中，辗转嫁接的虽有许多，但只有洛水北岸每年都有开花的。大致间隔一年才长成千瓣，其余年份都是单瓣或者重瓣罢了。洛水南岸的姚黄大约几年才开一次千瓣，然而却比不上洛水北岸的繁盛啊。究其原因，姚黄原本出自邙山中，适合在高地生长，接近市井人烟的地方多是肥土，不适合它的生长习性。姚黄开放得最晚，是在其他牡丹凋零以后，芍药未开花之前这段时间里。姚黄的颜色非常美艳，且高雅光洁的本性，开放的时机，都与其他牡丹迥异，因此，洛阳人很推崇它，称呼其为花王。洛阳城里每年只不过开有三五朵姚黄牡丹，市民无论男女，必定全城出动前往观赏，乡下人家也都扶老携幼，不顾路途遥远前来一饱眼福。可见，姚黄受到世人贵重竟然到了这种地步。

【点评】

北宋文学家李廌（zhì）曾经长居河南，对洛阳牡丹非常了解，其生活时代也与周师厚作《洛阳牡丹记》的时代比较接近，通过他的记述，能管窥洛阳牡丹的兴盛景象。李廌在《洛阳名园记》中云："洛阳花甚多种，而独名牡丹曰'花'。凡园皆植牡丹，而独名此曰'花园子'。盖无他，池亭独有牡丹数十万本。凡城中赖花以生者，毕家于此。至花时，张幕幄，列市肆，管弦其中，城中士女绝烟火游之。过花时则复为丘墟，破垣遗灶相望矣。今牡丹岁益滋，而姚黄、魏紫一枝千钱，姚黄无卖者。"在他的描述中，我们可以体会到当时洛阳人对牡丹的尊崇，只呼"花"而不称其名，与欧阳修《洛阳牡丹记》的记载是一致的。并且爱屋及乌，栽培牡丹的园圃也不刻意命名，只以"花园子"呼之。究其原因，园内只种牡丹，别无他花，规模达到数十万株。毫不夸张地说，当时洛阳已经形成了"牡丹产业"，有专门一支以培育牡丹为生的园艺队伍，他们就在"花园子"周围安家立业。每当牡丹盛开时，"花园子"附近遍布幕帐，自发形成集市，管弦之声不绝于耳，一派繁忙兴旺景象。人们呼朋引伴，相约赏花，以致万人空巷，不见炊烟。等到花期一过，人去园空，盛况空前的牡丹花市复为丘墟，破墙烂灶相望于路，好似刚刚经历过战争蹂躏一般。当时，姚黄、魏紫价值飙升至一枝千钱，并且无人出售姚黄，真是"可远观而不可近玩焉"。

胜姚黄、靳黄[①]，千叶黄花也。有深紫檀心，开头可八、九寸许。色虽深于姚，然精采未易胜也。但频年有花，洛人所以贵之。出靳氏之圃，因姓得之，皆在姚黄之前。洛人贵之，皆不减姚花，但鲜洁不及姚，而无青心之异焉。可以亚姚，而居丹州黄之上矣。

【注释】

①胜姚黄、靳黄：杨按，此二品有较近之亲缘关系，亦可能胜姚黄为靳黄之变种，故而周氏于此一并谱录。又据同时期周氏《洛阳花木记》："千叶黄花其别十：姚黄、胜姚黄、牛家黄、千心黄、甘草黄、丹州黄、闵黄、女真黄、丝头黄、御袍黄。"可知胜姚黄与靳黄同源，故周氏未单录靳黄入千叶黄花之列。

【译文】

胜姚黄、靳黄，都是千瓣，黄色

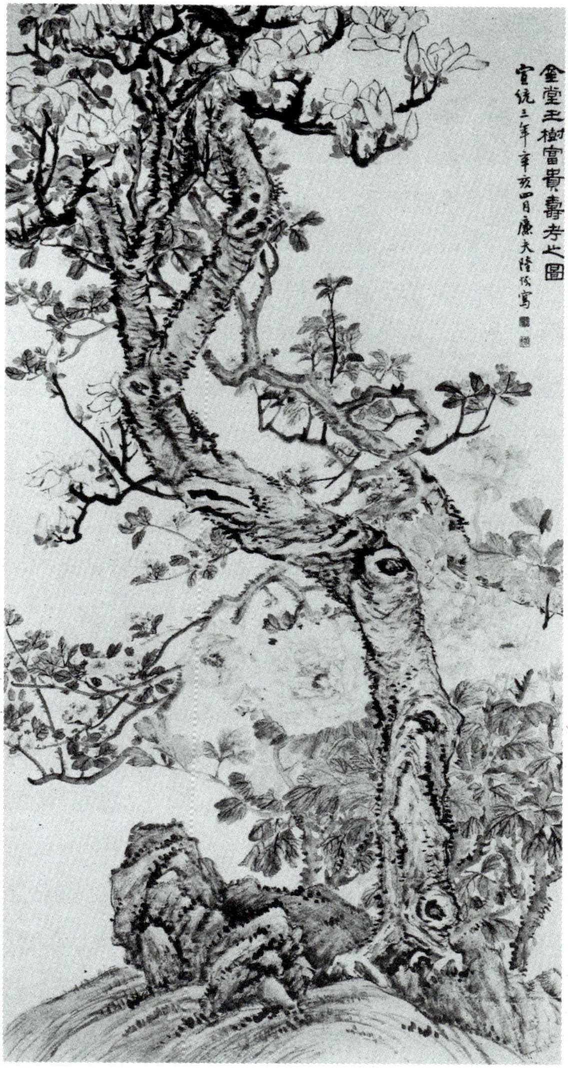

陆恢《玉堂富贵图》

花朵。胜姚黄长有深紫檀色花心，花冠直径可达八、九寸左右。花朵颜色虽比姚黄深重，然而优美姿态却不容易胜过姚黄。只是因为连年开花，洛阳人才会看重它。靳黄牡丹原产自靳氏花圃，是以姓氏来命名的，二者都在姚黄之前出现。洛阳人珍视胜姚黄和靳黄的程度，都不比姚黄差，只是此品在鲜艳光洁方面比不上姚黄，且没有青玉花心的异禀罢了。这个品种可以居于姚黄之下，而位于丹州黄之上啊。

牛家黄，亦千叶黄花，其出先于姚黄，盖花之祖也。色有红与黄相间，类一捻红之初开时也①。真宗祀汾阴还，驻跸淑景亭赏花，宴诸从臣，洛民牛氏献此花，故后人谓之牛花。然色浅于姚黄，而微带红色，其品目当在姚、靳之下矣。

【注释】

①一捻红：即欧阳修《洛阳牡丹记》中之“一擫红”。

【译文】

牛家黄牡丹，也是千瓣，黄色花朵，它的出现早于姚黄，因此可称为黄花牡丹的祖宗。这种牡丹的颜色红黄相间，像一捻红刚开放时一样。宋真宗祭祀汾阴还朝，驻跸洛阳淑景亭，观赏牡丹，并宴请各位随从大臣，洛阳平民牛氏进献此花，因此后人称之为牛花。不过，它的颜色比姚黄浅，且略微杂有红色，所以，它的品第就应当在姚黄和靳黄以下了。

【点评】

明代中期，薛凤翔在撰写《亳州牡丹史》时，发现许多牡丹品种已经失传，有的竟然前所未闻。他说：“若献来红、丹州红、延州红、鹿胎花、莲花萼、真珠红、一捻红，及姚黄、牛家黄、鞓黄、甘草黄者，皆属未闻。”这7种红花牡丹和4种黄花牡丹都已经无从寻觅了，不能不令人心生遗憾。曾经独秀群芳，“姚黄未出而牛黄第一”的牛家黄牡丹，还有那富贵至极的牡丹花王姚黄，就这样悄无声息地淹没在繁华之中。

千心黄，千叶黄花也。大率类丹州黄，而近瓶碎蕊特盛，异于众花，故谓之千心黄。

【译文】

千心黄牡丹，千瓣，黄色花朵。此花大概类似丹州黄牡丹，但是在接近雌蕊部分，瓣化现象非常突出，碎瓣繁多，不同于其他牡丹，因此称之为“千心黄”。

【点评】

若从颜色来划分，黄色牡丹应位居第一个档次，因为黄色是古代的“正色”，具有浓厚的象征意义。淡黄色牡丹则以其更加接近皇家尊贵之明黄色而成为牡丹之中的珍品，受到世人的追捧。苏轼在《同状元行老学士秉道先辈游太平寺净土院观牡丹中有淡黄一朵特奇为作》一诗中云：“醉中眼缬自斓斑，天雨曼陀照玉盘。一朵官黄微拂掠，鞓红魏紫不须看。”诗人本已醉意朦胧，眼花缭乱，当看到太平寺净土院盛开的牡丹时，更觉斑斓耀眼，令人眩目。他仿佛见到佛经中所云天降花雨

蒋廷锡《孔雀花卉图》

一般，曼陀罗花映衬着皎洁月光。牡丹丛中忽有淡黄色一朵与众不同，富贵无比，欣赏过它的姿容以后，鞓红、魏紫之类牡丹都算不得出众了。

甘草黄，千叶黄花也。色红檀心[①]，色微浅于姚黄，盖牛、丹之比焉[②]。其花初出时，多单叶，今名园培壅之盛[③]，变千叶。

【注释】

①色：杨按："色"字疑为"有"字之误。

②比：类，辈。

③培壅（yōng）：培植养护。

【译文】

甘草黄牡丹，千瓣，黄色花朵。红檀花心，花瓣颜色略微比姚黄浅，大概是牛家黄、丹州黄之类的颜色。这种牡丹刚问世时，多是单瓣，如今著名花圃园林栽培它的越来越多，逐渐繁育成千瓣。

【点评】

王象晋《群芳谱》记载有"变花"之法："熟地栯（yǒu）生菜兰，持硫磺末筛于其上，盆覆之，即时可待。用以变白牡丹为五色，皆以沃其根，紫草汁则变紫，红花汁则变红。又根下放白术末，诸般颜色皆变腰金。又白花初开，用笔蘸（zhàn）白矾水描过，待干，以籐（téng）黄和粉，调淡黄色描之，即成黄牡丹，恐为雨湿，再描清矾水一次。"利用上述方法，可将白牡丹转变成紫、红、黄三色牡丹，也可称得上是人工的精巧了。

丹州黄，千叶黄花也。色浅于靳而深于甘草黄，有檀心，深红，大可半叶。其花初出时，本多叶，今名园栽接得地，间或成千叶，然不能岁成就也。

【译文】

丹州黄牡丹，千瓣，黄色花朵。花色较靳黄牡丹浅而比甘草黄牡丹深，长有檀心，深红色，可达半个花瓣大小。这个品种刚出现时，本来是重瓣，现在名园栽培嫁接选择了适当地点，偶尔有的演变成千瓣，但是不能在嫁接一年之内就看到开花。

【点评】

牡丹的嫁接方法有根接法、枝接法、芽接法。薛凤翔《亳州牡丹史》中较为详细地记载了古代嫁接牡丹的方法。嫁接牡丹最好于秋分之后时行，选择健壮而花龄小的牡丹为母本。如果一丛长有数枝，须割去弱枝，留取强壮的二、三枝。嫁接时，需要把土挖开二寸左右，用细锯截断砧木，再用刀劈开。然后把“上品花钗两面削成凿子形，插入母腹，预看母之大小，钗亦如之。至于母口正者，钗固削正；母口斜者、曲者，钗亦随其斜曲，务要大小相宜，斜正相当。倘有本大而钗小者，以钗就本之一边。必使两皮凑合，以麻松松缠之，其气庶几互相流通，盖因脉理在皮里骨外之故”。花钗就是指接穗，它与砧木的契合非常关键，外绑麻松不能太紧，要保持透气。接好以后，嫁接部位要用土封好，上面最好覆盖两片瓦以避雨水。“候月余，启瓦拨土，视母本发有新芽，即割去之，仍密封如旧。明年二月初旬，又启拨看，视如前法。盖一本之气不宣泄于牙蘖，始凝注于接枝，本年花开倍胜原本矣。若不以此归法接修，漫然为之，必无生理。”这样做是要保障母本精力集中到接芽部位，避免新发芽分散母本精力。如果不加修理，放任母本萌生新芽，就会使得来年新接穗芽长势不旺，开不出繁富的花朵。明朝隆庆以来，嫁接牡丹多选择芍药作为母本。万历庚辰（1580）以后，世人多以普通牡丹作母本进行嫁接，能繁育出更瑰丽的花朵。

闵黄，千叶黄花也。色类甘草黄而无檀心，出于闵氏之圃，因此得名。其品第盖甘草黄之比欤[①]！

恽寿平《牡丹湖石图》

【注释】

①欤（yú）：文言语气词。表感叹，与“啊”相同。

【译文】

闵黄牡丹，千瓣，黄色花朵。花色类似甘草黄，而没有檀心，产自闵家花圃，因此得名闵黄。它的品第大约是甘草黄之类的啊！

【点评】

唐宋时期，洛阳官私园林之盛，可谓甲天下。宋代哲学家邵雍对此评价道：“人间佳节惟寒食，天下名园重洛阳。”其孙邵博也曾经说：“洛阳名公卿园林，为天下第一。”李格非甚至在《洛阳名园记》中感叹：“天下之治乱，候于洛阳之盛衰；洛阳之盛衰，候于园圃之兴废。”可见北宋时期洛阳园冶植艺之兴盛。历代宦仕在洛阳筑园者大有人在，留下了许多传世佳话。据李健人统计，历代洛阳名园有：汉梁冀园、汉袁广汉园、晋金谷园、晋潘安仁园、晋华廙苜蓿园、唐富春园、唐归仁园、唐娄师德园、唐太平公主园、唐白居易园、宋富郑公园、宋董氏西园和东园、宋环溪王开府宅园、宋刘给事园、宋从春园、宋天王院花园子、宋归仁园、宋王溥园、苗帅园、赵氏园、宋赵韩王园、宋李氏仁丰园、宋吴氏园、宋文潞公东园、宋紫金台张氏园、胡氏二园、宋会隐园、宋司马温公独乐园、宋湖园、宋吕文穆园，等等。其他若杨侍郎园、师子园、李氏园、靳氏园、银李圃、闵氏圃、袁氏圃等，也都有花木水竹之胜。这些著名的园林大都种有奇花异木，百花齐放，互相争胜。其中，宋天王院花园子独有牡丹数十万本，归仁园也植有牡丹和芍药千余株，规模都十分庞大，足以令后世惊讶，这与北宋时期洛阳牡丹种植产业化发展是密不可分的。

女真黄，千叶浅黄色花也。元丰中①，出于洛阳银李氏园中②，李以为异，献于大尹潞公③。公见心爱之，命曰“女真黄”④。其开头可八、九寸许，色类丹州黄而微带红，温润匀荣，其状色端整，类刘师阁而黄⑤。诸名圃皆未有，然亦甘草黄之比欤！

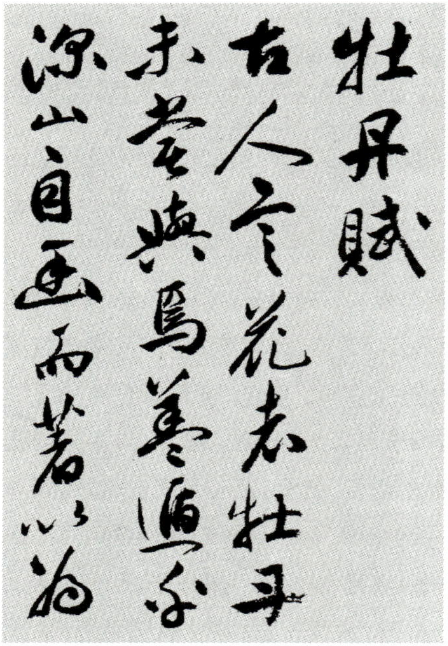

明代祝枝山行书《牡丹赋》卷首

【注释】

①元丰：北宋神宗赵顼的第二个年号，从1078年至1085年。

②洛阳：宛委山堂《说郛》本作“洛氏”。

③大尹：即北宋河南府尹。潞公：即文潞公、文彦博（1006—1097），字宽夫，汾州介休人，北宋著名政治家。天圣进士，累迁殿中侍御史。庆历七年（1047），由知益州召拜枢密副使，旋拜参知政事。嘉祐三年（1058）出判河南、大名、太原等府，封潞国公。元祐五年（1090），以太师致仕。历仕宋仁宗、英宗、神宗、哲宗四朝，任将相五十年。

④女真：又名女贞、女直，生活在我国东北地区的古老民族。其族源可上溯至肃慎、挹娄、勿吉、黑水靺鞨，9世纪更名女真。1115年，女真首领完颜阿骨打建立金朝。

⑤刘师阁：一种千瓣浅红花牡丹，见下文条目。

【译文】

女真黄牡丹，千瓣，浅黄色花朵。元丰年间，产自洛阳城银李圃中，李氏因此花奇异，献给河南府尹潞国公文彦博。文彦博看到后心生喜爱，命名为女真黄。它的花头可达八、九寸左右，花色类似丹州黄并略微带有红色，温和润泽，均匀茂盛，它的花形花色端庄严整，类似刘师阁牡丹，但却是黄花牡丹。城中各个著名花圃都没有这个品种，不过其品第也是甘草黄之类的吧。

【点评】

清陈淏之《花镜》卷三《花木类考·牡丹》中记载："女真黄，千叶而香浓，喜阴。"可知，女真黄牡丹不仅以千瓣淡黄花闻名，还以香气浓郁见称，并且喜好阴凉。从明人诗文中还可知，此品牡丹后来传到江浙一带，成为丝织的重要花样。《列朝诗集·史隐士鉴六十八首》载有史鉴《刻丝牡丹》诗一首："中原新尚女真黄，姚魏含羞怨夕阳。谁挽春风上机杼，又随番使过钱唐。"那么，文彦博为什么将这种牡丹命名为"女真黄"呢？历史文献中没有明文交待，不过，或许是因为它喜阴，与诸牡丹不同，而女真又在大宋以北温凉之地，所以文潞公才有此命名。然而，令文彦博万万没有想到的是，"女真黄"三字却在日后成为一句政治谶语而应验了。

宋钦宗靖康二年（1127），女真人建立的金朝派大军攻破北宋都城东京汴梁，掳走徽、钦二帝，北宋宣告灭亡。后来，金朝与南宋政权南北对峙，入主中原，令宋人饱尝国破家亡之苦。后世文人遂舍弃"女真黄"牡丹花名之本意，寓意宋亡金立之谶语，写有大量诗词怀旧叹古。

最先视"女真黄"为谶语的是金末文坛巨擘元好问，他在《续夷坚志》卷四《女真黄》条中云："文潞公元丰间镇洛水南，银李以千叶淡黄牡丹来献，且乞名。公名之曰'女真黄'。后人始知其谶。"指出文彦博一语成谶，预见了北宋必为金朝所灭。金末元初诗人刘因《咏蔷薇》诗中有句"色染女真黄，露凝天水碧"，以"女真黄"和"天水碧"为别指代金朝和北宋。宋朝国姓为赵，而赵氏旺族聚居天水郡，故文人常以"天水朝"或"天水一朝"代称北宋。同一时期，又一位大诗人李思衍，也提到了"女真黄"成谶之事。他在《汴京怀古》诗中云："沧海成田艮岳荒，谁能行役不彷徨。青城北狩隔万里，花石南来宝几纲。土暗尘昏天水碧，风轻雨过女真黄。（自牡丹谱尚女真黄，宣和以肃冠姚魏昭与天水碧同谶。）无人可语宣和事，九些陈留酹（lèi）一觞（shāng）。"当作者看到汴京旧宫荒凉破败，想到宋徽宗强征花石纲，筑宫苑，修艮岳，空耗民力，激起民变，导致二帝北狩，国破家亡的悲剧。明清时代的文人也每每以此事为借鉴，清人林石来《牡丹》诗曰："品题国色总寻常，姚魏争夸压群

蒋廷锡《锦上添花》立轴

芳。不是宣和翻旧谱，何人解赏女真黄。”说明当时女真黄已经非常少见了，许多人都不知道这个品种了。清末萧道管《萧闲堂诗三百韵》有诗云：“女真黄代谢，天水碧涟洏（lián’ ér，流泪）。”也是取意金灭北宋的谶语。小小牡丹花名竟然与朝代更迭、国家命运相联系，这也算是牡丹的一则轶闻了。

丝头黄，千叶黄花也。色类丹州黄，外有大叶如盘，中有碎叶一簇[①]，可百余分[②]。碎叶之心有黄丝数十茎耸起而特立，高出于花叶之上，故目之为丝头黄。唯天王寺僧房中一本特佳，他圃未之有也。

【注释】

①簇（cù）：量词，聚集成团的东西。

②分：量词。

【译文】

丝头黄牡丹，千瓣，黄色花朵。花色近似丹州黄，花冠外层有一圈大花瓣，像圆盘一样，中间部分有一簇碎小花瓣，可有一百余瓣。碎瓣丛生的花心长出几十根挺拔直立的黄色丝瓣，超出其他花瓣之上，因此被称为丝头黄。只有天王寺僧侣梵舍中有一株特别优美，其他花圃没有这个品种。

【点评】

丝头黄牡丹是名贵的牡丹品种，其丝瓣可能是雌蕊瓣化的结果。薛凤翔《亳州牡丹史》中记载一种“黄绒铺锦”的牡丹，即是此种。“此花细叶，卷如绒缕，下有四、五叶差阔，连缀承之，上有黄须布满，若种金粟。”金粟就是指桂花，丝头黄的丝瓣挺立密布，就像桂花盛开的形状一样。清人余鹏年在《曹州牡丹谱》中说：“黄绒铺锦，一名金粟，一名丝头黄。细瓣如卷绒缕，下有四、五瓣差阔，连缀承之，上有金须布满，殆张所谓缕金黄者。”他们二人都点出了丝头黄下有四、五个较宽大花瓣承托，中间细瓣如丝绒的特点。余鹏年甚至推测，宋人张邦基《陈州牡丹记》中所云的姚黄变种“缕金黄”就是指丝头黄。其实不然，缕金黄极可能是牡丹雄蕊瓣化的结果，与丝头黄并不一样。

御袍黄，千叶黄花也。色与开头大率类女真黄。元丰时，应天院神御花圃中植山篦数百[1]，忽于其中变此一种，因目之为御袍黄。

【注释】

①应天院：在北宋西京洛阳。神御：本指帝王巡幸，后引申为帝王遗像。据《宋朝事实·列朝神御殿》载，洛阳应天院供奉有宋太祖、太宗、仁宗、英宗等皇帝御容。山篦：牡丹野生植株，用来作嫁接之砧木。

【译文】

御袍黄牡丹，千瓣，黄色花朵。花色和花冠大概近似于女真黄牡丹。宋神宗元丰年间，洛阳应天院神御殿周围花圃中种植了几百株山篦子，忽而其中产生了这一变种，因此被称为御袍黄。

【点评】

“御袍黄”是名贵花卉中常见之名，因其颜色尊贵，菊花、牡丹、荷花都曾有名为“御袍

居廉《富贵白头图》

黄”的品种。比如，宋代史铸《百菊集谱》中记载过御袍黄菊花：“秋晚司花逞巧工，解将柘色染幽丛。待看开向丹墀畔，宛与君王服饰同。”指出这种黄菊的颜色“宛与君王服饰同”。明代首辅申时行有《应制题黄台莲二首》诗云：“芙蓉为带菊为裳，高结重台散异香。见说君王频问寝，名花长映御袍黄。”这是赞美一种名贵的黄色荷花，至今已经非常罕见了。牡丹名品中不仅有千瓣御袍黄，还有一种叫“单叶御衣黄”，是单瓣黄牡丹。南宋范成大《单叶御衣黄》诗中写道：“舟前鹅羽映酒，塞上驼酥截肪。春工若与多叶，应入姚家雁行。”鹅羽映酒和驼酥截肪都指代一种黄中略带红之色，只不过范成大所见御衣黄为单瓣牡丹，令他感觉稍有瑕疵，倘若出现千瓣御衣黄，定能与姚黄同列。范成大的这一美好心愿要到清代才能变为现实。清人余鹏年在《曹州牡丹谱》中记载：“御衣黄，胎类姚黄，唯护枝叶红色，有千叶、单叶二种。千叶者，诸谱称色似黄葵是也。单叶肤理轻皱，弱于渊绡，爱重之者，盖不以千叶为胜。”他明确记载千叶御衣黄的存在，并且时间大概在明代中叶以后。但是，千叶御衣黄并不十分受人重视，人们反而更爱重单叶御衣黄，因其“肤理轻皱”，别有韵致。看来，千叶御衣黄受人推崇与否，并不是范成大一厢情愿所能决定的。

状元红，千叶深红花也。色类丹砂而浅[①]，叶杪微淡[②]，近萼渐深，有紫檀心，开头可七、八寸。其色甚美，迥出众花之上，故洛人以状元呼之。惜乎开头差小于魏花，而色深过之远甚。其花出安国寺张氏家[③]，熙宁初方有之[④]，俗谓之张八花。今流传诸圃甚盛，龙岁有此花，又特可贵也。

【注释】

①丹砂：即朱砂，富含硫化汞的红色天然矿物。

②杪（miǎo）：末梢。

③安国寺：唐咸通年间建，即今河南洛阳市老城西南隅钟楼寺。

④熙宁：北宋神宗使用的第一个年号，从1068年至1077年，共10年。

【译文】

状元红牡丹，千瓣，深红色花朵。花色接近朱砂而比之稍浅，花瓣尖梢颜色较淡，接近花萼则颜色渐渐加深，长有紫檀色花心，花冠直径可达七、八寸。这种牡丹的颜色非常漂亮，鹤立鸡群，超出众牡丹之上，因此，洛阳人以状元红来称呼它。只可惜花头比魏花稍小些，但颜色之深却远远超过魏花。状元红产自安国寺张氏家，熙宁初年才出现，俗语称之为“张八花”。现今已经流传到各花圃中，非常盛行，此花问世时正值龙年，这是又一珍贵之处啊。

蒋廷锡《花卉六条屏》

【点评】

薛凤翔《亳州牡丹史》中记载，状元红牡丹植株粗壮成树，喜阳。陆游《天彭牡丹谱》中说，此品牡丹“重叶，深红，色与鞓红、潜溪绯相类，而天姿富贵，彭以冠花品，故名状元”。明朝弘治年间，曹县培育出此种牡丹，又名“曹县状元红”或“曹州状元红”。还有一种叫“金花状元红”，“宜阳，大瓣，平头，微紫，每瓣有黄须”，只不过这种金花状元红非常稀少。

北宋著名政治家文彦博《诗谢留守王宣徽远赐牡丹》一诗云：“姚黄左紫状元红，打剥栽培久用功。采折乍经微雨后，缄封仍在小奁（lián）中。勤勤赏玩倾兰醑（xǔ），漠漠馨香逐惠风。犹恐花心怀旧土，戴时频与望青嵩。”道出了姚黄、左紫、状元红之类名贵牡丹栽培之不易。金人郝俣《应制状元红》诗也赞叹状元红牡丹：“巧移倾国无双艳，应费司花第一功。天上异恩深雨露，世间凡卉谩（mán）铅红。”他认为状元红牡丹“倾国无双”乃是花神司花的功劳，世间平凡花卉欺骗众人，以铅红色示人，怎么能比得上状元红这样独占天恩的富贵之色呢？

魏花，千叶肉红花也。本出晋相魏仁溥园中，今流传特盛。然叶最繁密，人有数之者，至七百余叶。面大如盘，中堆积碎叶，突起圆整，如覆钟状[①]，开头可八、九寸许。其花端丽精彩，莹洁异于众花心。洛人谓姚黄为王，魏花为后，诚为善评也。近年又有胜魏、都胜二品出焉。胜魏似魏花而微深，都胜似魏花而差大，叶微带紫红色，意其种皆魏花之所变欤？岂寓于红花本者，其子变而为胜魏；寓于紫花本者，其子变而为都胜耶？

【注释】

①钟：即锺，古代盛酒的器皿。覆钟形容外形圆整。

【译文】

魏花牡丹，千瓣，肉红色花朵。原本出自后晋相国魏仁溥花园之中，如今流传开来，非常盛行。这种牡丹花瓣最为繁密，有人曾经数过，多达七百多片。花冠大如玉盘，中间簇拥着碎小花瓣，既耸出隆起，又圆实整齐，像倒扣的钟一样，花头直径可达八九寸左右。这种牡丹端庄美丽，气质英发，尤其明亮光洁的花心与其他品种牡丹迥然不同。洛阳人称姚黄为牡丹花王，称魏花为牡丹王后，确实是最为佳美的评价啊。近些年，又有胜魏牡丹、都胜牡丹两个品种出现。胜魏类似魏花而颜色略微深重，都胜也接近魏花，但花头比魏花稍大些，花瓣微微带有紫红色，想必这两种牡丹都是从魏花衍生出来的吧？难道是嫁接在红花牡丹砧木上的，其后代就变为胜魏；嫁接在紫花牡丹砧木上的，其后代就变成都胜了吗？

瑞云红，千叶肉红花也。开头大尺余，色类魏花微深，然碎叶差大，不若魏花之繁密也。叶杪微卷如云气状，故以瑞云目之①。然与魏花迭为盛衰，魏花多则瑞云少，瑞云多则魏花少。意者草木之妖，亦相忌嫉而势不并立欤！

粉彩牡丹瓶

【注释】

①瑞云：即祥云、瑞霞，红色吉祥云彩。

【译文】

瑞云红牡丹，千瓣，肉红色花朵。花冠直径大有一尺多，花色近似魏花而略微深些，然而碎小花瓣却比魏花稍大，不像魏花那么繁密。花瓣尖梢微微收卷，像云气卷腾的样子，所以被称为瑞云红。然而这种牡丹往往与魏花交叉盛衰，魏花出现多时，瑞云就少些，而当瑞云多时，魏花就会少些，可能因为二者同为草木之瑰异的缘故，也互相嫉妒而势不两立啊。

【点评】

瑞云红与魏花相近，然色、形皆较魏花稍差，故而屈居魏花之下，但仍不失为牡丹之中的珍品。北宋著名政治家韩琦曾经咏叹这种牡丹“一枝香折瑞云红”，可能瑞云红较其他牡丹略多芬芳之气。由于瑞云红很稀有，见之者不多，因而关于它的记载多是道听途说，使得今人很难知其全貌。南宋著名状元诗人姚勉《赠彭花翁牡丹障》诗中就曾经提到过瑞云红，他说：“洛之花图欧公诗，惊怪天巧呈新枝。自言当时记者数十种，姚魏后有潜溪绯。蜀之花图景仁句，香雪蕊金藏不露。径围三尺瑞云红，尚有二花添未具。此花非惟今所无，世间久亦无此图。”径围三尺大概是约数，并非实指，用以形容瑞云红的花盘较大。正如姚勉所云，“此花非惟今所无，世间久亦无此图”，到南宋末期，许多著名的牡丹品种都已经很少见了，因此，明代的薛凤翔、清代的余鹏年在他们的牡丹专著中都没有提及瑞云红，想必这个名贵的牡丹品种在明清时期已经遗失了。

岳山红，千叶肉红花也。本出于嵩岳①，因此得名。色深于瑞云，浅于状元红，有紫檀心，鲜洁可爱。花唇微淡，近萼渐深，开头可八、九寸。

【注释】

①嵩岳：即中岳嵩山。

【译文】

岳山红牡丹，千瓣，肉红色花朵。原本产于中岳嵩山，由此而得名。花色比瑞云红牡丹深，又比状元红浅，长有紫檀花心，鲜艳光洁，惹人喜爱。花瓣外缘颜色微微浅淡，接近花萼部分渐渐加深，花冠直径可达八、九寸。

【点评】

岳山红牡丹在明人薛凤翔《亳州牡丹史》和清人余鹏年《曹州牡丹谱》中都没有记载，因此，许多花匠认为此品已经绝迹。然而，2005年春，事情似乎有了转机。在河南洛阳市伊川县吕店乡周沟村清泉寺自然村村民李火建家，园艺专家发现了一株已有二百余年单株株龄的“岳山红”牡丹。

这株岳山红高达1.7米，主干直径竟达28厘米，可见年代非常久远。据李火建讲，他家祖宅初建于明代嘉靖年间，当时家中殷实，有田地一百余顷，建有后花园，园中从那时起就栽种牡丹。当地人将这株牡丹视为“神花”，每当开花时，十里八村群众都来赏花，还有许多人顶礼膜拜。经多位专家鉴定，这株牡丹可能就是久已失传的“岳山红”，只不过嫁接引种都不容易成活，更增加了这个品种的神秘性。

间金，千叶红花也。微带紫而类金系腰，开头可八、九寸许，叶间有黄蕊，故以“间金”目之，其花盖大黄蕊之所变也。

【译文】

间金牡丹，千瓣，红色花朵。花色微微偏紫，接近金系腰，花冠可达八九寸左右，花瓣中间有黄蕊，所以被称为“间金”。这种牡丹的花大概是由原生大黄蕊瓣化而成的吧。

【点评】

牡丹的瓣化现象非常普遍，主要有萼片瓣化、雄蕊瓣化、雌蕊瓣化三种。萼片瓣化又称为“外彩瓣”，雌蕊瓣化又称为“内彩瓣”或“台阁瓣”。当牡丹雄蕊瓣化时，花瓣先端多残存有花药，这种现象在宋代就被称为“间金”。现代的姚黄品种，就带有明显的雄蕊瓣化现象，与宋代的姚黄有较大差别。

间金类的牡丹品种还有金系腰、蹙（cù）金球、蹙金楼子、碎金红等。《群芳谱》中记载：“蹙金球，千叶浅红花也，色类间金而叶杪铍（pī）蹙，间有黄棱断续于其间，因此得名，

蒋廷锡《花鸟册页》

然不知所出之因，今安胜寺及诸园皆有之。”“蹙金楼子，千叶红花也。类金系腰，下有大叶如盘，盘中碎叶繁密，耸起而圆整，特高于众花。碎叶皱蹙，互相粘缀，中有黄蕊间杂于其间，然叶之多虽魏花不及也。元丰中，生于袁氏之圃。”“碎金红，千叶粉红花也。色类间金，每叶上有黄点数星如黍粟大，故谓之碎金红。”蹙金球花瓣中有黄棱，蹙金楼子花瓣中有黄蕊，碎金红花瓣上有黄点，这些都是牡丹雄蕊瓣化的显著特征。

金系腰，千叶黄花也。类间金而无蕊，每叶上有金线一道横于半花上，故目之为金系腰。其花本出于缑氏山中。

【译文】

金系腰牡丹，千瓣，黄色花朵。类似间金牡丹却没有黄蕊，每片花瓣上都有一道金线，横亘于花瓣中间偏上部位，因此被称为“金系腰”。这种牡丹原本产自缑氏山中。

【点评】

金系腰也可以看做是牡丹雄蕊瓣化的结果，它产自缑氏山中。《山海经》云：“缑山之山，无草木，多金玉，泉水出焉，上有饮鹤池。”人们可能将金系腰与缑山多金玉联系起来，倒也并无不可。缑氏山虽然海拔只有308米，但“山不在高，有仙则名”，这座小山却是一座名副其实的历史名山。据说，西王母曾经在此山修炼，因她姓缑，所以此山得名缑氏山。又传说，周灵王的太子晋，即王子乔、王子晋，也是在此山吹笙引凤，飞升成仙的。唐代著名的玄奘法师也出生在缑氏山下。到了宋代以后，缑氏山以出产牡丹再次闻名天下。

一捻红，千叶粉红花也。有檀心，花叶，叶之杪各有深红一点，如美人以胭脂手捻之，故谓之“一捻红”。然开头差小，可七、八寸许。初开时多青，拆开时乃变成红耳。

【译文】

一捻红牡丹，千瓣，粉红色花朵。长有檀色花心，杂色斑点花瓣，花瓣稍头各有一个深红斑点，像美人用胭脂手捏捻过似的，因此被称为一捻红。不过，花冠略嫌小，可有七八寸左右。此花抽头初开时多为青色，开苞以后就转变为红色。

【点评】

《群芳谱》中记载说：“一捻红，多叶，浅红。叶杪深红一点，如人以二指捻之。旧传贵妃匀面余脂印花上，来岁花开，上有指印红迹，帝命今名。”不同于周谱的是，王象晋认为一捻红是重瓣，不是千瓣，既可能是二者对瓣型划分标准不同，亦可能是到明代一捻红发生了变化。不过，到明朝薛凤翔时期，他已经明确记载没有见过一捻红这个品种了。

九萼红，千叶粉红花也。茎叶极高大，其苞有青趺九重，苞未拆时，特异于众花。花开必先青，拆数日然后色变红。花叶多铍蹙[①]，有类揉草[②]，然多不成就，偶有成者，开头盈尺。

【注释】

①铍（pī）：兵器，剑属，形如刀而两边有刃。蹙（cù）：聚拢，皱缩。

②揉草：杂乱的草。

【译文】

九萼红牡丹，千瓣，粉红花朵。此花的茎秆高直而叶片硕大，花蕾裹有多层青色花萼，花未开苞时，迥异于其他牡丹。花初开时一定先是青色，开放几天以后就变成红色。花瓣多铍针形，皱缩团簇，有点像杂草，只是大多不能成形，偶尔有长

慈禧《富贵图》

成的，花冠能超过一尺。

【点评】

自宋以后，关于九萼红牡丹的记载已非常罕见。不过，明代薛凤翔和清代余鹏年都记载有一种“花红萃盘”牡丹，与九萼红有几分神似。这种花红萃盘牡丹又名“珊瑚映目”，“红胎，枝上绿叶窄小，条亦颇短。房外有托瓣，深桃红色，绿趺重萼，映诸叶中，如赤瑛盘欹（qī）侧枝上”。此品牡丹花冠较大，类似赤瑛盘，且有绿色花萼层层承托，雌蕊花房外还有深桃红色托瓣，更增添几分姝丽。通观整株牡丹，犹如赤瑛盘斜靠绿叶丛中，因此得名“花红萃盘”可谓恰如其分。

刘师阁，千叶浅红花也。开头可八、九寸许，无檀心。本出长安刘氏尼之阁下①，因此得名。微带红黄色，如美人肌肉，然莹白温润，花亦端整。然不常开，率数年乃见一花耳。

【注释】

①长安刘氏尼：据传，隋末河南汝州庙下镇刘家馆有刘氏女，随兄嫂迁居长安，亦将手植牡丹带至长安。后刘氏出家为尼，将此牡丹供佛，世人称之为“刘氏阁”或“刘师阁”。

【译文】

刘师阁牡丹，千瓣，浅红色花朵。花冠可达八、九寸左右，没有檀色花心。原本出自长安俗姓刘氏尼姑的闺阁之下，因此而得名。花色略微带有红黄色，像美人的肌肤一般，并且光洁白嫩，温润如玉，花姿也端庄齐整。只是此花不常开放，大概几年才能看到开一次罢了。

【点评】

余鹏年《曹州牡丹谱》中称刘师阁牡丹俗名为“雅淡妆”，将其列入“千叶白花”品第，

恽寿平《牡丹》

只不过此品略带微红，无檀心。周师厚将此品列入千叶浅红花，又称其“莹白温润”，可见周氏也不能肯定其为红花。陆游《天彭牡丹谱》记有“刘师哥”一品，列入白花，“微带红，多至数百叶，纤妍可爱，莫知何以得名”。陆游对“刘师哥”如何得名，并不清楚。其实，从他的记载来看，陆谱“刘师哥”就是周谱所谓“刘师阁”。余鹏年对此也有明确结论，指出“刘师阁”“或作刘师哥，误”。

刘师阁牡丹有着传奇来历。据传，隋末，河南汝州庙下镇刘家馆有刘氏女，生于书香门第，名动乡里。父母谢世后，她追随做官的哥嫂迁居长安。哥嫂亡故以后，她看破红尘，出家为尼，一心礼佛，并将自己闺阁之下的白牡丹献于佛前。此品牡丹白中微红，晶莹润泽，如美人肌肤，童子玉面，引得世人争赏，由此而得名“刘氏阁”或“刘师阁”。只不过，此花并非年年开放，大概每隔两、三年才开花一次，更显得非常名贵。

寿安有二种，皆千叶肉红花也。出寿安县锦屏山中，其色似魏花而浅淡。一种叶差大，开头不大，因谓之“大叶寿安”。一种叶细，故谓之“细叶寿安”云。

【译文】

寿安牡丹有两个品种，都是千瓣，肉红色花朵。原产于寿安县锦屏山中，花色接近魏花而较浅淡。其中一个品种花瓣稍大，花冠并不大，因此被称为大叶寿安。另一个品种花瓣纤细，所以被称为细叶寿安。

洗妆红，千叶肉红花也。元丰中忽生于银李圃山篦中，大率似寿安而小异。刘公伯寿见而爱之[①]，谓如美妇人洗去朱粉而见其天真之肌，莹洁温润，因命今名。其品第盖寿安、刘师阁之比欤！

【注释】

①刘公伯寿：即刘几（1008—1088），字伯寿，号玉华庵主，洛阳（今属河南）人。生而豪俊，仁宗朝进士，通判邠州，知宁州。英宗时为秦凤总管。神宗时以秘书监致仕，隐居嵩山玉华峰下。哲宗元祐初，加通议大夫。与司马光、张耒有诗文往来。

【译文】

洗妆红牡丹，千瓣，肉红色花朵。元丰年间忽然出现于银李圃山篦子中，大约类似寿安牡丹而有微小差异。刘伯寿先生看到以后，非常喜爱它，说它像美女刚刚洗去朱粉，露出天然肌肤，光洁温润的样子，因此命名为现今洗妆红这个名字。此种牡丹的品第大概是寿安、刘师阁之类的吧。

【点评】

用美人梳妆来比喻牡丹姿色，是中国古代文人常用的写作手法。唐代韩琮《牡丹》诗有句云："云凝巫峡梦，帘闭景阳妆。"韩愈《戏题牡丹》："陵晨并作新妆面，对客偏含不语情。"宋张至《依韵奉和司徒侍中同赏牡丹》："半妆晓日争光照，一笑春风喜兢开。"黄裳《牡丹五首》："天真无处窥神化，栏畔新妆却自羞。"傅察《牡丹》："半醉西施晕晓妆，天香一夜染衣裳。"李弥逊《过鲁公观牡丹戏成小诗呈席上诸

蒋廷锡《牡丹图》手卷

公》："轻颦浅笑各有态，淡妆浓抹俱相宜。"清钱陆灿《牡丹花下》："花神有意洗妆迟，要勒词头固君宠。"在诸多这类诗句中，唯有唐代大诗人白居易《牡丹芳》中的"映叶多情隐羞面，臣丛无力含醉妆"一句，最令人回味无穷，引得人无限遐思。

蹙金球，千叶浅红花也。色类间金而叶杪铍蹙，间有黄棱断续于其间，因此得名。然不知所出之因。今安胜寺及诸园皆有之①。

【注释】

①安胜寺：下文作"安胜院"。

【译文】

蹙金球牡丹，千瓣，花色浅红。这个品种的花色像间金牡丹，只是花瓣尖稍呈铍针形，皱缩团簇，偶尔有黄棱纹断断续续伏显在花瓣上，因此得名蹙金球。不过，目前还不清楚它为什么会产生黄棱纹。现在安胜寺及其他花圃都有种植。

【点评】

前文述及，蹙金球是牡丹雄蕊瓣化的结果。牡丹花型多样，富于变化，有的品种花器齐全，雌蕊、雄蕊、萼片发育正常，而有的品种雄蕊、雌蕊瓣化或退化，演变出绚丽多姿的花冠。在单瓣型、荷花型、菊花型、蔷薇型、托桂型、金环型、皇冠型、绣球型、千层台阁型、楼子台阁型这牡丹十大花型中，蔷薇型牡丹的雄蕊大部分退化，只在花心处有少量瓣化雄蕊，呈细碎花瓣；托桂型牡丹的雄蕊完全瓣化，狭长而直立；金环型牡丹的雄蕊大部分瓣化，只在外瓣周围残留一圈雄蕊呈环状；皇冠型牡丹的雄蕊完全瓣化，中间有少量瓣化呈丝状；绣球型牡丹的雄蕊完全瓣化，与外瓣难以区分；楼子台阁型牡丹的雄蕊也有瓣化现象。

探春球，千叶肉红花也。开时在谷雨前，与"一百五"相次开，故曰"探春球"。其花大率类寿安红，以其开早，故得今名。

【译文】

探春球牡丹，千瓣，花色肉红。此花在谷雨节气前开放，与“一百五”牡丹次第开放，所以被称为“探春球”。这种牡丹的花形大概类似寿安红，只是因为它开放得比较早，因此获得现在的名字。

【点评】

宋代诗人陶弼《木芙蓉》云：“春色不为主，天香难动人。”一语点出了牡丹开放的时节，当是春光明媚，百花齐放以后。王梅溪有《点绛唇》词云：“庭院深深，异香一片来天上。傲春迟放，百卉皆推让。忆昔西都，姚魏声名堪惆怅。醉翁何往，谁与花标榜。”亦以“傲春迟放”道出了牡丹开放在谷雨之后。然而，造化弄人，总有某些例外，一百五和探春球就是众多牡丹品种中的特例，这二者偏偏选择在谷雨之前盛开，颇有点迫不及待的意味啊。

二色红，千叶红花也。元丰中，出于银李园中。于接头一本上歧分为二色，一浅一深，深者类间金，浅者类瑞云。始以为有两接头，详细视之，实一本也。岂一气之所钟，而有浅深厚薄之不齐欤？大尹潞公见而赏异之，因命今名。

明代剔红牡丹花鸟纹长方盒

【译文】

二色红牡丹，千瓣，红色花朵。元丰年间，出自于银李花圃中。在嫁接的一颗植株上分蘖为两种颜色花头，一个色浅，一个色深，色深的类似间金牡丹，色浅的类似瑞云牡丹。一开始人们认为是接了两种花头，后经仔细观察，实际上只是一株砧本。难道是由一股和气钟萃，只因深浅薄厚不均匀而造成的吗？大尹潞公文彦博看到以后，欣赏备至并视为奇异的品种，所以命名为如今“二色红”这个名字。

【点评】

同株双色是牡丹中的奇异品种，据欧阳修《洛阳牡丹记》所载，鹤翎红、潜溪绯都属这类品种。二色红牡丹虽然是红色花，但一本之上能开出一深一浅两种颜色，甚为罕见。这个品种非常稀有，大概只在两宋时期流传，到明代已经不见记载了。明代记载的同株双色牡丹以红白二色居多，比如薛凤翔《亳州牡丹史》中记载的“破面娇”。红白同株牡丹并不算少见，五代诗人殷文圭《赵侍郎看红白牡丹因寄杨状头赞图》诗曰：“迟开都为让群芳，贵地栽成对玉堂。红艳袅烟疑欲语，素华映月只闻香。翦裁偏得东风意，淡薄似矜西子妆。雅称花中为首冠，年年长占断春光。”其中“红艳”与“素华”就是形容牡丹的红白同株之一异禀。

鹭金楼子，千叶红花也。类金系腰，下有大叶如盘，盘中碎叶繁密，耸起而圆整，特高于众花。碎叶铍鹭，互相粘缀，中有黄蕊，间杂于其间，然叶之多虽魏花不及也。元丰中，生于袁氏之圃。

【译文】

鹭金楼子牡丹，千瓣，红色花朵。花型类似金系腰牡丹，外层长有大花瓣，像圆盘一样，花盘之中碎小花瓣簇拥繁密，圆实整齐，与其他品种相比显得尤其高兀。碎瓣像铍针一样团簇，相互粘贴连缀，中心有黄色花蕊，偶尔掺杂于花瓣之中。不过，此种牡丹花瓣数量之多，即使是魏花牡丹也比不上啊。元丰年间，此品产自袁氏花圃之中。

【点评】

鹭金楼子也是牡丹雄蕊瓣化的一个珍贵品种。余鹏年《曹州牡丹谱》记有一种“洒金桃红”牡丹，就是宋代的鹭金楼子。余谱云：洒金桃红“一名丹灶流金，胎茎俱浅红色，花色深红。大瓣如盘，破痕铍蹙，黄蕊散布。周记蹙金楼子即此”。余鹏年所记洒金桃红牡丹在花色、花型、瓣化特征等方面，与周师厚所记蹙金楼子是完全吻合的，其大瓣如盘、碎瓣铍蹙、黄蕊散布这三大明显特征，传承了六百余年而没有发生变化。

碎金红，千叶粉红花也。色类间金，每叶上有黄点数星如黍粟大①，故谓之碎金红。

【注释】

①黍（shǔ）：谷物名，性黏，子粒供食用或酿酒，去皮后北方称黄米子。后定为度量单位，长度取黍的中等子粒，以一个纵黍为一分，百黍即为一尺。粟（sù）：一年生草本植物，子实为圆形或椭圆小粒，北方通称“谷子”，去皮后称“小米”。

【译文】

碎金红，千瓣，花色粉红。此种牡丹的花色类似间金牡丹，每片花瓣上都有几枚黄色斑点，像黍粟粒大小，因此

蒋廷锡《瓶雀牡丹图》

被称为碎金红。

【点评】

北宋著名聋人教官徐积曾经写有一首《醉中咏牡丹》，以贴切的比喻提到了"碎金红"牡丹。他说："此花未开时，美子藏深闺。香心若无有，深浅何由知。前日花忽开，美人放出深闺来。春风尽日不相管，莺是郎兮蝶是媒。谁将金钱掷西子，笑中不掩胭脂腮。君王亲执紫我盏，太真又醉白瑶台。此花万态不可说，莫教容易为尘埃。我心虽然淡如水，为花一醉何辞哉。"其中"谁将金钱掷西子，笑中不掩胭脂腮"一句，以金钱喻指黄斑，以西子胭脂腮喻指粉红花瓣，将碎金红牡丹粉红花朵，花瓣中有黄色斑点的特征表露无遗，而金钱掷西子更是传神入画，动感强烈，美感无限。故而作者云虽然心淡如水，但见此骄人尤物，亦不免纵情声色，"为花一醉何辞哉"！

越山红楼子[①]，千叶粉红花也。本出于会稽，不知到洛之因也。近心有长叶数十片，耸起而特立，状类重台莲[②]，故有"楼子"之名[③]。

【注释】

①越山：春秋时期，越国核心地带在绍兴会稽、诸暨一带，今浙江省诸暨市城区的苎萝山、金鸡山二山又名越山。

②重台：花之复瓣重叠称为重台。重台莲即重瓣莲花，花朵硕大，花瓣极重，瓣脉明显，盛开心皮全部瓣化成红绿相间的筒状物。《长物志》"藕花"注四曰："花托末瓣化，雌蕊已瓣化。"《花镜》云："花放后，房中眼内复吐花，无子。"

③楼子：宋人称花卉中由多个单花重叠组合而成的花型，菊花、牡丹等皆有此类型。

【译文】

越山红楼子牡丹，千瓣，花色粉红。原产于浙江会稽，不知道是怎样流传到洛阳的。接近花心的部位长有几十片花瓣，高高耸起，笔直挺立，形状像重台莲，所以有楼子的名称。

【点评】

越山红楼子牡丹是典型的楼子台阁型牡丹。这种花型的牡丹由多朵单花上下重叠而成，上层单花的花瓣较大，雄蕊瓣化或退化，雌蕊瓣化成正常花瓣或彩瓣。下层花瓣雄蕊亦瓣化，雌蕊亦如是。“赤龙焕彩”、“盛丹炉”、“玉楼点翠”、“紫金楼”等品种是这类花型的名贵品种。在历史上，还有一种独特的楼子台阁型牡丹，即在香椿树上嫁接而成的牡丹。香椿与牡丹的亲缘关系较远，嫁接成活率非常低，但是北宋有著名花匠曾经以香椿树为砧木嫁接牡丹成活，培养出了非常名贵的楼子台阁牡丹。2010年4月，洛阳安乐的王女士历经多年实验，聘请多位园艺大师，终于在香椿树上成功嫁接成活牡丹，使楼子牡丹得以重见天日，实现了牡丹栽培嫁接技术上的一次突破。

彤云红，千叶红花也。类状元红，微带绯色，开头大者几盈尺。花唇微白，近萼渐深，檀心之中皆莹白，类御袍。花本出于月波堤之福严寺①，司马公见而爱之②，目之为“彤云红”也。

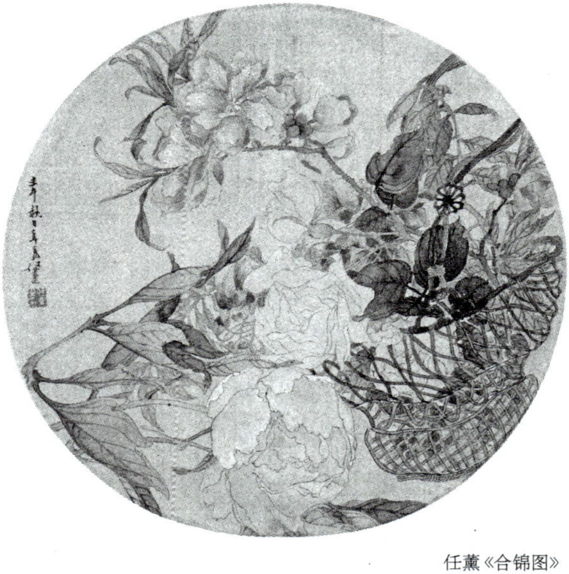

任薰《合锦图》

【注释】

①月波堤：洛阳河堤，后唐朱守殷《上玉玺表》云：“臣修雒阳月波堤，至立德坊南古岸，得玉玺一面上进。”欧阳修《洛阳牡丹记》作“月陂堤”。

②司马公：即温国文正公司

马光（1019—1086），字君实，原籍陕州夏县，北宋著名政治家、文学家、史学家。

【译文】

彤云红牡丹，千瓣，红色花朵。花色接近状元红牡丹而略微带有粉色，花冠大得几乎达到一尺，花唇微白，靠近花萼的部分颜色渐深，檀心中都是晶莹洁白的花蕊，类似御袍牡丹。此花原本产于月波堤的福严寺，司马光先生看到以后非常喜爱它，称之为彤云红。

【点评】

彤云就是指红色的云霞，彤云红牡丹就像红色云霞一般绚丽多姿。北宋著名文学家、艺术家蔡襄曾经写过《季秋牡丹赋并序》，里面就用彤霞比喻牡丹的姿色，其文云："宝雾宵笼，鲜风晓坼。丽或中人，香可专国。刻红炬以烘焰，缀彤霞而荐色。郁茀谁语，丰茸自持。非倚瑟之神女，抑善赋之文姬。"红炬烘焰，彤霞荐色，非常恰当地点出了牡丹的红艳之美，浓烈深厚，喷薄欲出，劲风扑面，热感袭人。

转枝红，千叶红花也。盖间岁乃成千叶，假如今年南枝千叶，北枝多叶；明年北枝千叶，南枝多叶，每岁互换，故谓之"转枝红"。其花大率类寿安云。

【译文】

转枝红牡丹，千瓣，红色花朵。大概隔年才能长成千瓣，假如今年南侧花枝开出千瓣，那么北侧花枝就会开重瓣；若明年北侧花枝开千瓣，则南侧花枝就开重瓣。每年两侧花枝轮替开放，所以被称为转枝红。这个品种的花形大约接近寿安牡丹。

【点评】

一般来说，宋人称牡丹一花二色为转枝。周师厚所记转枝红牡丹并没有明显二色区别，但却有显著花型差异。因光照、风向、水分等原因，转枝红南北两侧花瓣有千瓣与重瓣之别，并且隔年轮替，交相辉映，颇守时间秩序，令人称奇。周谱所言转枝红与薛凤翔《亳州牡丹史》中所记“合欢娇”颇有异曲同工之妙，抑或有同源关系。薛谱云：“合欢娇，深桃红色，一胎二花，托蒂偶并，微有大小。日分双影，风合歧香。此与转枝一种，皆造化之巧。而转枝之神更异。”合欢娇是并蒂花，略微有大小差别，但日分双影，似与转枝红南北不同花型相近。不过，薛凤翔认为合欢娇虽然钟造化之巧，但还不算最玄妙的，最神异是的转枝牡丹。他在《亳州牡丹史》中记载：“转枝，一茎二花，红白对开。记其方向，明岁红白互易，其处神异若此。明皇时一花四变，其色岂欺我哉。二花出鄢陵刘水山太守家，亳中亦仅有矣。鄢陵尚有万卉含羞，传之者皆极口谈其风神，恨莫由致也。”这品牡丹不仅能够隔年轮替变幻，而且是两种花色交替，从没有出过错，更加守时序，真可谓造化钟神秀啊！

蒋廷锡《牡丹》立轴

紫丝旋心①，千叶粉红花也。外有大叶十数重如盘，盘中有碎叶百许，簇于瓶心之外，如旋心芍药。然上有紫粉数十茎，高出于碎叶之表，故谓之曰“紫粉旋心”。元丰中，生于银李圃中。

【注释】

①紫丝：《古今图书集成》本作“紫粉”，宛委山堂《说郛》本作“紫丝”。杨按：据周师厚《洛阳花木记》载：“千叶红花其别三十四，……紫丝旋心……”此处“丝”与“粉”同义，都是指牡丹花药。

【译文】

紫丝旋心牡丹，千瓣，花色粉红。花冠外层有十几圈大花瓣，像圆盘一样。花盘中开有百朵左右的碎小花瓣，簇拥在雌蕊之外，像旋心芍药一样。不过，上面有紫蕊几十根，高出碎瓣表面，因此被称为“紫粉旋心”。元丰年间，此品种产于银李花圃之中。

【点评】

紫丝牡丹甚为罕见，只有宋人周师厚和张邦基有过相关记载，但宋以后的牡丹花谱中，鲜为收录，大概此品宋以后就失传了。唐代诗人李益《咏牡丹赠从兄正封》诗云：“紫蕊丛开未到家，却教游客赏繁华。始知年少求名处，满眼空中别有花。”这是一首律己修身的言志诗，比拟科举金榜题名。从诗中可以看出，牡丹吐露紫蕊并未完全开放，亦不是花型最美之时。后世随着人工栽培的选择，紫蕊现象越来越少，反而成就了紫丝旋心牡丹的别具一格。

富贵红、不晕红、寿妆红、玉盘妆，皆千叶粉红花也，大率类寿安而有小异。富贵红色差深而带绯紫色，不晕红次之，寿妆红又次之。玉盘妆最浅淡者也，大叶微白，碎叶粉红，故得“玉盘妆”之号。

【译文】

富贵红牡丹、不晕红牡丹、寿妆红牡丹、玉盘妆牡丹，这四种牡丹都是千瓣，花色粉红。

花型大概接近寿安牡丹，只有微小差异。富贵红的花色稍深且带有绯紫色，不晕红的花色浅于富贵红，寿妆红又比不晕红浅。而玉盘妆是四种里面花色最浅淡的，大花瓣微微发白，碎花瓣呈粉红色，所以获得玉盘妆的名字。

【点评】

“玉盘”在古代诗词中常用来代指白牡丹，不过，玉盘妆并不是白牡丹。此品已经出现色变，虽然碎叶仍然是粉红色，但外层大花瓣则呈现出微白色。黄、红、紫、白四色是牡丹的常见花色，也是品评牡丹品第的标准之一。不同时期，人们欣赏和推崇牡丹的颜色也有差异，但大体来说黄色为首，红色次之，紫色又次，白色殿后。白牡丹刚出现时并未引起足够的重视，唐代诗人卢纶有《裴给事宅白牡丹》为证：“长安豪贵惜春残，争玩街西紫牡丹。别有玉盘承露冷，无有起就月中看。”然而，这并不是绝对的标准，墨牡丹或绿牡丹就是名贵的品种，亦有人打破颜色界限，从花姿花态入手，以神品、名品、灵品、逸品、能品、具品来作评第标准。

双头红、双头紫，皆千叶花也。二花皆并蒂而生，如鞍子而不相连属者也①。唯应天院神御花圃中有之。亦有多叶者②，盖地势有肥瘠，故有多叶之变耳。培壅得地力，有簇五者③，然开头愈多，则花愈小矣。

清代镶牡丹花涤蓝漳缎女夹马褂

【注释】

①鞍子：花卉术语，俗言脖子稍后部位，指主枝刚分杈出侧枝而形成的部分。牡丹中有红鞍子、鹿胎鞍子红等品种。

②亦：宛委山堂《说郛》本作“不”，误。

③簇五：同“簇伍”，指成群结队，五通“伍”。

【译文】

双头红牡丹、双头紫牡丹，都是千瓣。两种牡丹都是并蒂花，就像互不相连的鞍子一样。只有应天院神御花圃中有这两个品种。也有重瓣的，大概是因为土壤肥沃贫瘠有区别，所以产生了重瓣这样的变种罢了。若栽培植土能尽得土壤肥力，也有开成团簇状的，不过花头越多，花盘就越小。

【点评】

牡丹以国色天香著称，双头牡丹则被视为祥瑞之兆。由于这种牡丹非常稀见，因而被人们认为是造化之异。宋代诗人韩维《和太素双头牡丹兼呈子华》诗云：“尚不求真语，何能计妄言。且饶兴公令，犹是异精魂。”以眼见为实，打破了许多人的无知，用“异精魂”来称代双头牡丹。宋人郭祥正《牡丹吟·双头牡丹》曰：“三月金张启仙馆，百种名花此尤罕。牡丹意态已无穷，况是连房斗浅红。昭君晓怯边地寒，太真昼卧华清暖。晓色竞开双萼上，春光分占一枝中。”诗中以“连房斗浅红”点明了双头红牡丹的特征，又用历史上的娇媛王昭君和杨贵妃象征双花并蒂之美艳，双色竞开，一枝占春，此品牡丹之姿色无双于天下。

双头牡丹在宋代还被文人士大夫用来比喻政治上的二主共治情形。北宋历史上曾经出现过几次两宫共治的局面，计有刘皇太后与宋仁宗之共治、宋英宗与曹皇太后之共治、乃至徽钦二帝共治。文人少不了要在二主共治方面花费大量心思，双头牡丹就成了最好的借喻对象。北宋著名宰相夏竦《延福宫双头牡丹》诗云：“禁籞（yù）阳和异，华业造化殊。两宫方共治，双花故联跗（fū）。”当时，宋仁宗年幼，宋真宗皇后刘皇后垂帘听政，两宫共治。夏竦以延福宫双头牡丹盛开为题，喻指两宫应该同根同德，共保国泰民安。

左紫，千叶紫花也。色深于安胜，然叶杪微白，近萼渐深。突起圆整，有类魏花。开头可八、九寸，大者盈尺。此花最先出，国初时生于豪民左氏家。今洛中传接者虽多，然难得真者，大抵多转枝不成千叶。惟长寿寺弥陀院一本特佳①，岁岁成就。旧谱所谓左紫，即齐头紫，如碗而平，不若左紫之繁密圆整，而有含棱之异云。

【注释】

①长寿寺：创建年代不详，位于唐东都洛阳南市之西南角，今洛阳十方院之南。是当时著名的佛教文化中心之一，菩提流志等天竺高僧在该住讲。

【译文】

左紫牡丹，千瓣，紫色花朵。花色深于安胜紫牡丹，但花瓣尖稍微白，靠近花萼部分颜色渐深。花瓣突起，圆实齐整，有点类似魏花牡丹的样子，花冠直径可达八、九寸，较大的能达一尺。这个品种最先问世，大宋开国初期，产于富豪左氏家中，如今洛阳城里虽然流传嫁接的较多，但却难见得真传的，大致多是转接花枝，不能长成千瓣。只有长寿寺弥陀院有一株左紫非常漂亮，年年开出千瓣花。以往花谱中所记的左紫，只是齐头紫，像碗口大小并且扁平，不如左紫那样繁密圆整，且花瓣上有棱线花纹的异禀啊。

【点评】

左紫是洛阳久负盛名的牡丹名品，魏花未出之前，左花为第一。欧阳修《洛阳牡丹图》诗云：“传闻千叶昔未有，只从左紫名初驰。”从花型演变历史的角度也给左紫以较高的评价。清代余鹏年《曹州牡丹谱》中记载左紫又名“紫玉盘”，“淡红胎，短茎，花齐如截，即左花也，亦谓之平头紫”。周师厚也说左紫就是平头紫。但王象晋《群芳谱》中则曰：“平头紫，大径尺，一名真紫。”不知王谱中的“平头紫”与“左紫”是否为同一品种，姑且存疑。

紫绣球，千叶紫花也。色深而莹泽，叶密而圆整，因得绣球之名。然难得见花，大率类左紫云。但叶杪色白，不如左紫之唇白也。比之陈州紫[①]、袁家紫，皆大同而小异耳。

蒋廷锡《十全富贵图》

【注释】

①陈州：北周改信州置，治所在项县（隋开皇初改宛丘县，即今河南淮阳县），隋大业初改为淮阳郡，唐武德元年（618）改为陈州。

【译文】

紫绣球牡丹，千瓣，紫色花朵。这个品种花色深重，花型圆满齐整，所以获得绣球的名称。不过，很难看到这个品种开花，其花型大概类似左紫。只是花瓣尖稍颜色发白，不如左紫颜色更白。相比陈州紫、袁家紫，都是大同小异罢了。

【点评】

北宋著名文学家苏辙有诗散句描写紫绣球牡丹曰："千毬紫绣檠（qíng）熏炷，万叶红云砌宝冠。直把醉容欺玉斝（jiǎ），满将春色上金盘。”形容紫绣球牡丹像烛台一样齐整挺立，花色凝重又似熏炷。南宋诗人范成大在《蜀花以状元红为第一、金陵东御园紫绣毬为最》诗中云：“西楼第一红多叶，东苑无双紫压枝。梦里东风忙里过，蒲团药鼎鬓成丝。”在蜀中天彭地区，状元红为西南牡丹中的第一品第，而在江南牡丹中，尤其是金陵东御园，紫绣球牡丹为最佳，故而有“东苑无双”之称。

安胜紫，千叶紫花也，开头径尺余。本出于城中安胜院，因此得名①。近岁左紫与绣球皆难得花，唯安胜紫与大宋紫特盛，岁岁皆有，故名圃中传接甚多。

【注释】

①“本出于城中”二句：宛委山堂《说郛》本作“因此紫得名”。杨按：《说郛》本及《古今图书集成》本等皆作“本出于城中千叶安胜院”，“千叶”似为窜误错简，今径改之。

【译文】

安胜紫牡丹，千瓣，紫色花朵，花冠直径有一尺左右。原本产自洛阳城里安胜院，因此而得名安胜紫。近年来，左紫与紫绣球都难得见到，只有安胜紫与大宋紫特别盛行，年年都开花，所以著名花圃中流传嫁接的很多。

【点评】

早在唐代，紫花牡丹就已经受到了上层士大夫的青睐，成为他们诗文歌咏的对象。唐代诗人令狐楚有一首《赴东都别牡丹》，诗云：“十年不见小庭花，紫萼临开又别家。上马出门回首望，何时更得到京华。”作者长年没有见到牡丹开放了，偏偏正值牡丹紫萼初绽之时，却要远离京华到东都洛阳赴任，故而上马频顾，一步一回头，既表达了对未睹牡丹芳颜的惋惜，又借机吐露了对长安的依依不舍之情。

大宋紫，千叶紫花也。本出于永宁县大宋川豪民李氏之圃[①]，因谓大宋紫。开头极盛，径尺余，众花无比其大者，其色大率类安胜紫云。

【注释】

①永宁县：618年改熊耳县置，属宜阳郡，治所在永固城（今河南洛宁），唐开元初属河南府。大宋川：古指宜水；又特指今洛宁县东宋乡方里村锦阳川，古名“九井峪”。

【译文】

大宋紫牡丹，千瓣，花朵紫色。原本产于永宁县大宋川富豪李氏花圃中，所以被称为大宋紫。花头长势极其旺盛，花冠直径可达一尺左右，众牡丹品种中没有比这种大的。它的花色大概接近安胜紫。

【点评】

洛宁地区自古以来就有野生牡丹分布，向阳背风的山冈沟壑，阴凉透光，气候温和之处常常有牡丹生长，至今已有千余年的历史了。目前，洛宁牡丹尤以上戈镇和凤仪山为盛。2008年4月，洛宁县罗岭乡加皮沟曾经发现有较大面积牡丹植被，引起各方关注。后经专家鉴定，这些牡丹大多为单瓣凤丹牡丹，具有药用价值，可能为人工养殖以后又被弃养，成为“类野生牡丹”。这些纯白、浅粉牡丹对绿化荒山起到一定积极作用。国内以牡丹来绿化山体已经有不少实例，重庆垫江县一直以药用牡丹作为绿化植物美化荒山，收到了较好的环境效益和经济效益，并成为中国山水牡丹的发源地。

顺圣[①]，千叶花也。色深类陈州紫。每叶上有白缕数道，自唇至萼，紫白相间，浅深同，开头可八九寸许。熙宁中方有[②]。

【注释】

①顺圣：杨按：顺圣即“顺圣紫”的简称，周师厚《洛阳花木记·牡丹》作“顺圣紫”。

②熙宁：宋神宗年号，宛委山堂《说郛》本作“燕宁”，误。

【译文】

顺圣牡丹，千瓣花。花色深重，接近陈州紫。每片花瓣上长有数道白缕花纹，自花唇延伸至花萼，紫色和白色相间，浅深程度相同，花冠直径可达八、九寸左右。宋神宗熙宁年间此花才面世。

【点评】

“顺圣”本来是北宋中央禁军番号名称，具体说来，是宋太宗时期增设的禁军侍卫步军司二十个番号之第七个。据《宋会要辑稿》记载：“紫袍紫衫，必欲为红赤紫色，谓之顺圣紫。”从中可知，顺圣紫是宋代禁军侍卫步军司兵服颜色之一，即指红赤紫色。这与周师厚所记“花色深重，接近陈州紫”正相吻合，故而顺圣紫牡丹的命名与鞓红牡丹的命名是一样的，都是以宋代官方服饰之色来指称的。

陈州紫、袁家紫，一色，皆千叶，大率类紫绣球，而圆整不及也。

【译文】

陈州紫牡丹、袁家紫牡丹，颜色一样，都是千瓣，大概类似紫绣球，但圆实齐整的程度比不上紫绣球啊。

清代缠枝牡丹青花瓶

【点评】

北宋末年，黄河流域战乱不断，洛阳牡丹逐渐衰败，陈州牡丹开始崛起。陈州（今河南淮阳）在北宋东京汴梁东南，为京畿辅郡，是拱卫京师的屏障。由于陈州水陆交通便捷，商业兴盛，经济富庶，成为近畿一大都会。陈州继洛阳之后，成为中原地区第二个牡丹繁育中心。张邦基在《陈州牡丹记》中就曾记有姚黄牡丹的一个变种，并述有当时城中欣赏牡丹的盛况。对此，北宋著名诗人张耒也曾经感叹道："此间花时人若狂。"

宋神宗熙宁五年（1072），张耒由家乡淮阴来到淮阳，投到苏辙门下求学。当他在陈州第一次看到牡丹时，就即兴写下了《同李十二醉饮王氏牡丹园》七律二首。张耒在第一首诗中写道："东风穷巷只埃尘，谁忆城南万朵新。不问主人聊一饮，为携佳客送余春。"王氏牡丹园是当时陈州著名的赏花之所，"城南万朵新"虽然是虚指，但也看出当时陈州人栽植牡丹的规模。他在第二首诗继续抒发感情说："吹尽纷纷桃李尘，天香国艳一翻新。正过谷雨初晴日，分得西都大半春。"谷雨时节，正值陈州牡丹盛开，天香国艳，倾国倾城，竟然把西都洛阳牡丹的风采超过大半，可见陈州牡丹之盛。后来，到了明初，据民间传说，陈州牡丹还曾经作为中国的珍贵花卉，经郑和下西洋，传播到了南洋一带。

潜溪绯，本千叶绯花也。有皂檀心，色之殷美，众花少与比者。出龙门山潜溪寺，本后唐相李藩别墅。今寺僧无好事者，花亦不成千叶。民间传接者虽众，大率皆多叶花耳，惜哉！

【译文】

潜溪绯牡丹，原本是千瓣，花色粉红。有黑檀花心，花色殷重艳美，众牡丹中少有能与之媲美的。此花产自龙门山潜溪寺，曾是唐朝宰相李藩的别墅。如今寺中僧人没有雅好栽植牡丹的，此花也开不出千瓣了。民间流传嫁接的虽然很多，但大致都是重瓣花罢了，可惜啊！

【点评】

潜溪绯曾经被欧阳修称之为“最后最好”，是非常名贵的牡丹品种。现代有人认为“火炼金丹”就是潜溪绯，还有人认为“锦袍红”是潜溪绯，其实，宋代的潜溪绯早已经失传了，我们可以从欧阳修和周师厚的《洛阳牡丹记》可以得到答案。

欧阳修《洛阳牡丹记》中特别指出潜溪绯又名“转枝花”，这是抓住了潜溪绯的最大特征。明代王象晋《群芳谱》中记载有锦袍红，说它古名潜溪绯。但从王氏的记载来看，锦袍红是深红花，并且枝干脆弱，开时须以杖扶，恐为风雨所折。清代《桑篱园牡丹谱》也记有锦袍红，说它“花千层，深红色，叶团而大，有锯齿，梗长茎亦长，枝弱，花开须以杖扶，恐为风雨所折”，与王象晋所记大同小异。二者所记锦袍红都是深红色花，枝弱，但没有明显的色变特征，不是转枝花，与欧谱所记不能吻合。到了现代，《中国牡丹品种图志》中描述“锦袍红”的特征：“蔷薇型，有时呈菊花型。花蕾扁圆形，顶部突尖；花紫红色。……花梗短硬，花朵直上。中花品种。株型高，半开展。枝粗壮，一年生枝长，节间长。”可知现代锦袍红“枝粗壮”，与《群芳谱》、《桑篱园牡丹谱》所记锦袍红“枝弱”的特点截然不同。因此，我们根据牡丹文献，最多可以判断：宋代潜溪绯与明清锦袍红、现代锦袍红，可能有一定亲缘关系，但三者在花型、花色、枝干上已经有了较大不同，不能视为同一品种。

周师厚《洛阳牡丹记》中交代得非常清楚，宋代潜溪寺中的潜溪绯已经由最初的千瓣，退化为不能开出千瓣，民间嫁接的虽然多，但多是重瓣花，已经不是当初千瓣转枝的潜溪绯了。因此，周师厚才不免发出“惜哉”的感慨，表达了花之不传的惋惜之情。

玉千叶，白花，无檀心，莹洁如玉，温润可爱。景祐中[①]，开于范尚书宅山篦中[②]，细叶繁密，类魏花而白。今传接于洛中虽多，然难得花，不岁成千叶也。

蒋廷锡《白牡丹》

【注释】

①景祐：北宋仁宗赵祯使用的第三个年号，从1034年至1038年，共5年。

②范尚书：杨按：《说郛》本及《古今图书集成》本皆作“苑上书”，误，应作“范尚书”为是。范尚书：即范雍（981—1046），字伯纯，河南洛阳人。宋真宗咸平初进士，为洛阳主簿，累官至殿中丞、兵部员外郎、陕西转运使，以安抚使督镇庆原诸羌，世称“老范”，范仲淹为“小范”。后拜枢密副使，徙河南府，迁礼部尚书，卒，谥忠献。

【译文】

玉千叶牡丹，千瓣，白色花朵，没有檀心，晶莹光洁似美玉，温润惹人喜爱。景祐年间，出现于范雍尚书宅山篦子中，花瓣纤细繁密，形似魏花，但花色洁白。如今流传嫁接在洛阳城里的虽然很多，但难于看到真花，大多不能每年开出千瓣花啊。

【点评】

北宋钱易《南部新书》记载唐代

都城长安的慈恩寺中栽有白牡丹。“长安三月五日看牡丹，奔走车马。慈恩寺元果院白牡丹迟半月开，故裴兵部璘题诗于佛殿壁上曰：‘长安豪贵惜春残，争赏先开紫牡丹。别有玉杯承露冷，无人肯向月中看。’”后来唐敬宗自夹城出芙蓉园，临幸此寺，看见裴璘所题诗，非常欣赏，吟玩良久之，并命六宫传诵矣。亦有人认为此诗为卢纶所作，二者只有个别字词差异，未知个中详情，存而不论。

唐末五代诗人王贞白也写过一首《白牡丹》诗，将白牡丹描摹得冰清玉洁，温润可爱，其诗云：“谷雨洗纤素，裁为白牡丹。异香开玉合，轻粉泥银盘。时贮露华湿，宵倾月魄寒。佳人淡妆罢，无语倚朱栏。”作者用玉合（即玉盒）和银盘比喻白牡丹盛开时的花冠，像那妩媚佳人稍饰淡妆，默默凭倚朱栏，娴静优雅，恬淡自然。

玉楼春，千叶白花也。类玉蒸饼而高，有楼子之状。元丰中，生于河清县左氏家①，献于潞公，因名之曰“玉楼春”。

【注释】

①河清县：唐先天元年（712）改大基县置，属洛州，治所在今河南济源市西南。北宋开宝元年（968）移治白波镇（今河南孟津东南）。

【译文】

玉楼春牡丹，千瓣，白色花朵。花形类似玉蒸饼牡丹，有多朵单花重叠而呈楼子状。元丰年间，产于河清县左氏家中，人们将其献于潞公文彦博，潞公为它命名叫“玉楼春”。

【点评】

楼子牡丹有两种说法，一种说法是多朵单花重叠而上下分层，呈楼子状，故叫楼子牡丹。这是最常见的说法，楼子也是花卉中的专门术语，并不特指牡丹，菊花中也有楼子花型的。另一种说法是指在楼前高大树种上嫁接牡丹，使其成活开花，可登楼观赏，故称楼子牡丹。明代陆容《菽园杂记》卷十二记载：“江南自钱氏以来至宋元盛时，习尚繁华，富贵之

伊谁相谑逗相赠醉日凝妆
展露梢含唉向人如解语锦
心攒吐一团娇
藕堂唐寅

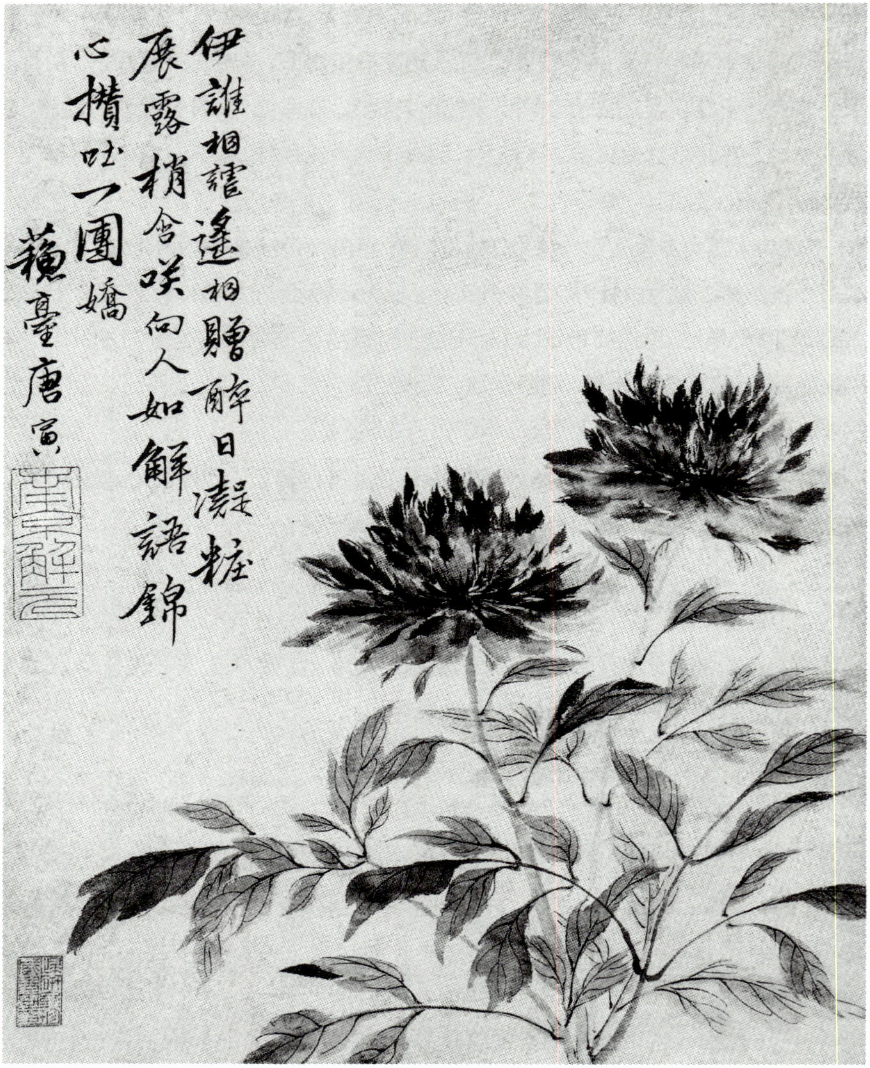

唐寅《牡丹》

家，以楼前种树，接各自牡丹于其杪，花时登楼赏玩，近在楼槛（jiàn），名楼子牡丹。”这种楼子牡丹非常罕见，但有过香椿树嫁接牡丹开花的记载。此处玉楼春显然指前者。

玉楼春现名“白雪塔”，花白色，皇冠型。外层大瓣，内瓣细而皱折，层叠高起呈球形，瓣基有紫晕。花径16厘米，花高8厘米，花初开绿白色，盛开莹白似雪如玉。

玉蒸饼[①]，千叶白花也。本出延州，及流传到洛，而繁盛过于延州时。花头大于玉千叶，杪莹白，近萼微红，开头可盈尺。每至盛开，枝多低，亦谓之“软条花”云。

【注释】

①蒸饼：在北宋时即指炊饼，相当于现在的馒头。

【译文】

玉蒸饼牡丹，千瓣，白色花朵。原产自延州，待流传到洛阳时，繁多健旺的长势超过在延州的时候。花头比玉千叶牡丹大，花瓣尖梢晶莹洁白，接近花萼的部分带有微红，花头直径可超过一尺。每当这种牡丹盛开时，花枝多低垂，也称为软条花。

【点评】

蒸饼一词最早见于《晋书·何曾传》：“蒸饼上不坼（chè）十字不食。”意思是说蒸饼上不蒸出十字裂纹就不吃，相当于现在俗语所说的“开花馒头”。十六国时期，后赵的石虎“好食蒸饼”，非常喜欢吃馒头。吴处厚《青箱杂记》记载：“仁宗庙讳‘祯’，语讹近‘蒸’，今内廷上下皆呼蒸饼为炊饼。”宋人为了避讳宋仁宗赵祯的名字，而改口称蒸饼为炊饼。玉蒸饼牡丹大概在花色和花型上与蒸饼有相似之处，故而得名。

承露红，多叶红花也。每朵各有二叶，每叶之近萼处，各成一个鼓子花朴[①]，凡有十二个。唯叶杪折展与众花不同，其下玲珑不相倚著，望之如雕镂可爱[②]。凌晨如有甘露盈个[③]，其香益更旖旎[④]。与承露紫大率相类，唯其色异耳。

【注释】

①鼓子花：即旋葍（fú）、旋花，其中一种千叶者俗呼为“缠枝牡丹”。

②雕镂（lòu）：雕刻。

③个：代词，似指鼓子花朴。姑且存疑。

④旖旎（yǐnǐ）：柔和美好。

【译文】

承露红牡丹，重瓣，红色花朵。每个花朵分别有两片花瓣，每片花瓣在接近花萼的地方，各自长出一个鼓子花朴，共计有十二个。只有花瓣尖梢辅折展开来，与其他牡丹花不同，瓣下花朴玲珑，互不相倚，看上去如精雕细琢般可爱。早晨如果有甘露盈润其上，承露红香气充沛，更显柔和美好。此花与承露紫牡丹大概是一类的，只是颜色有差异罢了。

【点评】

承露红牡丹有一个吉祥的名字。古人认为天降甘露是祥瑞之兆，故而建有承露台，设有承露盘，以迎福瑞。承露红的独特之处在于它长有鼓子花朴。鼓子花就是旋花，为多年生蔓花，喜野生。叶互生，戟形，有长柄。夏间开淡红色花，漏斗状，似牵牛而小。根茎可食用，亦入药。明代著名医学家李时珍在《本草纲目·草七·旋花》中记载：“其花不作瓣，状如军中所吹鼓子，故有旋花鼓子之名。一种千叶者，色似粉红牡丹，俗呼为缠枝牡丹。”缠枝牡丹为中国传统吉祥纹饰图案，又名“万寿藤”，寓意福寿吉庆。因其藤蔓卷折，连绵不断，又有“生生不息”的美好寓意。此图案在汉代产生以后，至明清时期非常流行，成为中国吉祥文化的一个典型代表。

玉楼红，多叶花也。色类彤云红，而每叶上有白缕数道，若雕镂然，故以玉楼目之[①]。

【注释】

①玉楼：杨按，古代以红底白棱为“玉镂”，似“楼”为“镂”之通。姑且存疑。

【译文】

玉楼红牡丹，重瓣。花色接近彤云红，而每片花瓣上都有几道白色纹缕，像雕镂上去的一样，因此这个品种被以玉楼看待。

一百五者，千叶白花也。洛中寒食[①]，众花未开，独此花最先，故特贵之。

元青花缠枝牡丹纹梅瓶

【注释】

①寒食：即寒食节，中国传统节日，亦称“禁烟节”、“冷节”、“百五节”，通常在清明节气的前一天，冬至以后的一百零五天。民间禁烟火，只食冷食。

【译文】

一百五牡丹，千瓣，白色花朵。洛阳地区在寒食节时，大部分牡丹都没有开放，唯独此种牡丹率先开放，因此特别受到珍视。

【点评】

一百五牡丹因为在众牡丹品种之中最先开放，所以受到历代赏花名家重视。宋代诗人刘敞《一百五多叶白牡丹答陈度支二首》其一云：“玉色天香无与俦(chóu)，猝风暴雨判多愁。君知大半春将过，初识人间第一流。”诗中玉色天香指一百五是白色牡丹，并且以“大半春将过”点出了此品牡丹在冬至以后一百零五日开放的习性，为“人间第一流”。明代薛凤翔

《亳州牡丹史》记载："一百五，此品谓冬至后一百五日即开，白如吴练，花大径尺。先年最多，近养花者不植。"吴练指白马，一百五牡丹为白色牡丹，像白马的颜色一般，并且花冠直径很大，可接近一尺。只是到了明代中后期，各地栽植一百五牡丹的越来越少了。所以，到清代余鹏年《曹州牡丹谱》时，已经对一百五究竟是什么样的牡丹品种知之甚少了。他甚至将一种粉色牡丹疑似为一百五，其谱云："红胎多叶，花大如碗，瓣三寸许，黄蕊檀心，易开最早，疑诸谱以为一百五者，即其种。但彼云白花，此粉色耳。"这一记载似受到王象晋《群芳谱》的影响，但余鹏年亦不免心生疑窦，欧阳修和周师厚都记载一百五为白花，这为什么是粉色呢？是否一百五在嫁接传播的过程中，花色发生了变化，只保留了早开的习性，亦未可知也。

清代梅雀牡丹珐琅瓶

青花釉里红缠枝牡丹瓶

牡丹谱

陈州牡丹记

[宋] 张邦基

《陈州牡丹记》，宋张邦基撰。张邦基，字子贤，高邮人，生卒不详，宋高宗绍兴初（1131年左右）仍在世。邦基著有《墨庄漫录》十卷，《四库全书》收于子部杂家类，多记杂事，兼及考证，于唐宋诗评多有见地，为“宋人说部之可观者”。

宋徽宗政和二年（1112）春，张邦基赋闲陈州（今河南淮阳），侍亲在郡。当地栽植牡丹盛况空前，名品迭出，令邦基甚为推崇，特别是园户牛氏家所植姚黄的变异现象引起了他极大的兴趣，因而欣然握管为后世留下了《陈州牡丹记》。该记仅有一卷，不足400字，谓“洛阳牡丹之品见于花谱，然未若陈州之盛且多也”，于陈州牡丹之激赏溢于言表。《陈州牡丹记》在《说郛》、《古今图书集成》、《笔余丛录》、《香艳丛书》中皆有收录，《墨庄漫录》卷九亦收有《陈州牡丹记》之一部分。

本书以宛委山堂《说郛》本为底本，以《古今图书集成·草木典·牡丹部》本和涵芬楼《说郛》本为参本，整理校点。

洛阳牡丹之品见于花谱[①]，然未若陈州之盛且多也[②]。园户植花，如种黍粟[③]，动以顷计[④]。政和壬辰春[⑤]，予侍亲在郡。时园户牛氏家忽开一枝，色如鹅雏而淡[⑥]，其面一尺三、四寸，高尺许，柔葩重叠[⑦]，约千百叶。其本姚黄也，而于葩英之端，有金粉一晕缕之。其心紫蕊，亦金粉缕之，牛氏乃以"缕金黄"名之。以籧篨作棚屋、围幛[⑧]，复张青帟护之[⑨]。于门首遣人约止游人，人输千钱乃得入观，十日间其家数百千。余亦获见之。郡守闻之，欲剪以进于内府[⑩]。众园户皆言不可，曰："此花之变易者，不可为常，他时复来索此品，何以应之？"又欲移其根，亦以此为辞，乃已。明年花开，果如旧品矣。此亦草木之妖也。

【注释】

①花谱：指欧阳修《洛阳牡丹记》、周师厚《洛阳牡丹记》等记载牡丹花品之著作。

②陈州：北周改信州置，治所在项县，隋开皇初改宛丘，即今河南淮阳县。唐武德元年（618）改陈州，辖境相当于今河南淮阳、商水、太康、西华、沈丘、周口、项城等地。

③黍（shǔ）：古代专指一种子实叫黍子的一年生草本植物，其子实煮熟后有黏性，可以酿酒、做糕等。

④顷：量词，土地面积单位，一百亩为一顷。

⑤政和：宋徽宗赵佶在公元1111年至1118年间所用年号。壬辰是政和二年，即公元1112年。

⑥鹅雏（chú）：又称鹅黄，幼鹅毛色黄嫩，故以喻娇嫩淡黄之物。

⑦葩（pā）：草木的花。

⑧籧篨（qú chú）：用竹篾、芦苇编织的粗席。

⑨帟（luán）：衣带。

⑩内府：皇室的仓库。

马逸《双兔牡丹图》

【译文】

洛阳牡丹的品种已经见于诸花谱记载，可是它却不如陈州牡丹那么兴盛并且品种繁多啊！陈州地区园户栽植牡丹，就像种黍粟庄稼一样，常常要用顷来计算。政和壬辰年春天，我在郡中侍奉双亲。当时，园户牛氏家里忽然开出一枝牡丹，颜色接近鹅黄又有些偏淡，它的花头有一尺三、四寸见方，高约一尺左右，柔软的花瓣重重叠叠，大约有千百层繁密。这品牡丹的本株是姚黄，但是在花瓣的尖端却有一缕金粉晕。它的花心是紫蕊，上面也有一缕金粉，牛氏遂以“缕金黄”称呼它。他用粗席制成棚屋和围幛把它圈住，再用青帘把它遮护起来。并在门口派人招呼游客留步，要求每人出一千文钱才能入内观赏奇花，这样，十天之内他家就收入了几十万文钱。我也被获准观赏了这株牡丹奇品。郡守听到消息以后，想要剪下来进献给皇室。园户们都认为不可以，说：“这是牡丹花中变异的品种，不可能经常出现，如果以后再来索要这个品种，我们拿什么来回复呢？”郡守又想把此花连根移走，大家还是以不能常见为说辞，这才作罢。第二年，这株牡丹开花时，果真就像以往的姚黄一样了。看来，这也是草木之中的变异啊。

【点评】

基因变异是生物进化的重要途径之一。现代花卉繁育技术可以通过电激、电注射、基因枪、微注射法等技术手段，催使花卉基因变异或转化，培育出新型的花卉品种。然而在古代社会，人们只有寄希望于自然，细心捕捉自然状态下的基因变异，精心栽植，借以发现新的花卉品种。古今姚黄牡丹的差异，就是自然基因变异的结果。

欧阳修在《洛阳牡丹记》中对姚黄的介绍，只点出它是千瓣黄花，缺少更为细致的描述。这也情有可原，因为他作此记时，姚黄出世还不足十年，人们对其了解非常有限。待周师厚作《洛阳牡丹记》时，他对姚黄的记述就详细得多了。“姚黄，千叶黄花也。色极鲜洁，精采射人，有深紫檀心，近瓶青旋心一匝，与瓶并色，开头可八、九寸许。”可知姚黄的颜色极其鲜艳亮丽，非常醒目，花瓣基部是深紫檀色，雌蕊周围的花瓣略带绿色，花冠直径可达八、九寸。然而现代的姚黄与周师厚的描述相关甚远，一是颜色少了鲜丽，呈乳黄色或淡黄色，二是雄蕊瓣化现象明显。牡丹的雄蕊瓣化会使花姿更加繁富多变，其瓣化花瓣的尖端多残存花药，称为“间金”。张邦基《陈州牡丹记》中所言“缕金黄”，可能就是姚黄牡丹雄蕊瓣化的结果。

至明代中叶，姚黄可能已经基本绝种，因为时人薛凤翔的《亳州牡丹史》就没收录姚黄品名。谢肇淛在《五杂俎》中云：“牡丹名花都有，独正黄者不可得，不知姚氏之种何以便绝。”清初高士奇在《北墅抱瓮录》中也说：“今姚黄之种不传。”可见从明中期至清初期，宋传姚黄牡丹已经濒临绝迹。待到余鹏年作《曹州牡丹谱》时却又重新载录姚黄，并注称俗名“落英黄”，这落英黄与姚黄是什么亲缘关系，仍需要研究，尚未有确论。不过，大体可以看清，今之姚黄相较古之姚黄已经产生变异了。

张按：苏长公记东武旧俗①，每岁四月大会于南禅、资福两寺②，芍药供佛。而今岁最盛，凡七千余朵，皆重跗累萼③，繁丽丰硕。中有白花，正圆如覆盂④，其下十余叶稍大，承之如盘，姿格绝异，独出于七千朵之上⑤。云得之于城北苏氏园中，周宰相莒公之别业⑥。此亦异种，与牛氏家牡丹并足传异云。

赵之谦《花卉图》

【注释】

①苏长公：即苏轼（1037—1101），字子瞻，号东坡居士，北宋著名文学家、艺术家。苏轼虽叫“大苏”，但他并不是苏洵长子，还有一兄早夭，因此苏轼又有一字“和仲”，以示排行。后人称他为“长公”，纯属敬称。东武：西汉初置，为琅邪郡治，治所即今山东诸城市。隋代改称诸城，宋、金、元属密州，明、清称诸城。

②南禅、资福两寺：皆在诸城城南，苏轼有《满江红》词记之。

③跗（fū）：同“柎”，花之下萼，即花托。

④盂（yú）：盛液体的器皿，阔口，束腰，鼓腹。

⑤“千”：宛委山堂本作“十”，据上文当为“千”，径改。

⑥周宰相：即苏禹珪。诸城苏姓为名门望族，唐末有苏仲容，以儒学称于乡里，举九经。其子苏禹珪，五代后汉官至宰相，后周封莒国公。苏禹珪子苏德祥，宋太祖乾德元年（963）癸亥科状元及第。别业：即别墅，在本宅外另建的园林休憩处所。

【译文】

张按：苏轼曾经记述东武旧时习俗，每年四月在南禅寺、资福寺两所寺庙举行大庙会，用芍药供奉佛祖。且以今年最为盛大，总计用了七千余朵芍药，都是双头叠瓣，繁荣艳丽，丰满健硕。其中有白色芍药，花头近乎正圆，就像倒扣钵盂一样，它下层的十余个花瓣略大，像玉盘一样承托起花头，姿态奇异，标格绝代，在七千朵芍药中风姿出众。据说出自城北苏家园林里，后周莒国公苏禹珪的别墅中。这也是奇异的芍药品种，与牛家姚黄牡丹可以一并称得上花中珍奇而流传记载啊！

【点评】

明代大医学家李时珍曾说：“群花品中以牡丹为第一，芍药为第二，故世谓牡丹为花王，芍药为花相。”芍药与牡丹同为我国古老的传统名贵花卉，二者既有联系，又有本质区别。芍药得名犹言绰约，也就是美好的样子，形容花姿娇美，妩媚动人。据古籍记载，芍药的栽培早在夏、商、周之时已经出现，至今已有三千余年的历史了。“芍药著于三代之际，风雅所流咏也。今人贵牡丹而贱芍药，不知牡丹初无名，依芍药得名。”这是说，芍药的盛名原本在牡丹之前，牡丹最初名为“木芍药”，反而是依芍药来命名的。后来，随着人们对二者生长习性的了解，发现芍药是草本植物，而牡丹则是木本植物，二者形似而质异。芍药以江苏扬州为盛地，《析津日记》中载：“芍药之盛，旧数扬州。”大概到宋代，芍药日渐兴盛，遍布大江南北，当时有“洛阳牡丹，广陵（即扬州）芍药，并美于世”的说法。大诗人苏东坡称赞“扬州芍药为天下冠”，因此世人又惯称芍药为“扬花”。

借花献佛之说由来已久，《过去现在因果经》卷一云：“今我女弱不能得前，请寄二花以献于佛。”又《太子瑞应本起经》说：释迦因地修道时名儒童菩萨（《心地观经》名摩纳仙人），当他修到第二阿僧祇劫满时，恰逢燃灯古佛出世，见王女瞿夷手持七茎莲花，乃以五百钱买其五茎，合彼女所寄托的二茎，拿去供佛。从中可以看出，佛教最初是以莲花献佛，后来发展成各种珍花异草皆可献于佛前，牡丹和芍药更是不可或缺。中国历史上许多著名的牡丹和芍药品种，都与佛教寺庙有着密切联系，佛教寺庙在推动牡丹和芍药品种的繁育方面发挥了重大作用。

恽寿平《牡丹》立轴

牡丹谱

天彭牡丹谱

[宋]陆游

《天彭牡丹谱》一卷，南宋陆游撰。陆游（1125—1210），字务观，号放翁，越州山阴（今浙江绍兴）人。宋高宗绍兴二十四年（1154），应礼部试，名列前茅，因论恢复，被黜落。宋孝宗时，任枢密院编修，赐进士出身。乾道六年（1170），起为夔州通判。淳熙十六年（1189）任礼部郎中，旋遭劾罢，闲居十余年。后被召修孝宗、光宗两朝实录，以宝谟阁待制致仕。陆游一生以抗金恢复中原为己任，创作了大量诗歌作品，是著名的爱国诗人。著有《剑南诗稿》、《渭南文集》、《老学庵笔记》等。

乾道六年，陆游时年46岁，始入蜀。宋孝宗淳熙五年（1178），陆游亲往成都西北的彭门山游览。彭门山亦称天彭门，在南宋时期盛产牡丹，号称“小西京”。他经过亲身考察和仔细考订，模仿欧阳修《洛阳牡丹记》的体例，写成了《天彭牡丹谱》。

《天彭牡丹谱》共分三篇：第一篇为《花品序》，以颜色为标准分别评判牡丹品种的等第，其中记有红花牡丹21品，紫花牡丹5品，黄花牡丹4品，白花牡丹3品，碧花牡丹1品，另外还有31种未分品等；第二篇为《花释名》，详细记载了各种牡丹的瓣型、花色、得名来历、花姿、品第，及传播过程，凡是已见于欧阳修《洛阳牡丹记》的都没有载入，只记下了在天彭当地名贵的品种；第三篇为《风俗记》，扼要叙述了蜀中人养花、弄花、赏花的习俗，作者以记天彭牡丹而思忆两京，特别是洛阳牡丹，抒发了渴望收复故土的爱国情怀。

本书以明末毛晋汲古阁刻《陆放翁全集·渭南文集》本为底本，以宛委山堂《说郛》本、《古今图书集成》本、中华书局标点本为参本，整理校点。

花品序第一

牡丹，在中州[①]，洛阳为第一。在蜀，天彭为第一[②]。天彭之花，皆不详其所自出。土人云：曩时[③]，永宁院有僧种花最盛[④]，俗谓之牡丹院。春时，赏花者多集于此。其后花稍衰，人亦不复至。

【注释】

①中州：古代豫州地处九州中央，称为中州。后泛指中原地区。今河南为古豫州地，故相沿亦称河南为中州。

②天彭：即彭门山，今四川彭州市西北三十里寿阳山。《方舆胜览》卷54“彭州”：彭门山“两峰如阙，相去四十步，名天彭门，因以名州”。

③曩（nǎng）：从前，过去。

④永宁院：彭州著名佛教寺院，唐朝时期创立，旧址在今彭州丹景山永宁园。据丹山碑文载：“大唐金头陀沿旧缮新，因行宫以创大乘制。”金头陀在金华宫旧址上建寺名曰“永宁院”。清嘉庆《彭县志》载：“唐金头陀缮修，始植牡丹绝顶。”

吴观岱《牡丹仕女图》

【译文】

牡丹，在中原地区来说，洛阳所产号称第一。而在四川地区来说，彭州所产称为第一。天彭地区栽培牡丹的源头，人们都不晓得起自何时，出自何方。当地人说，从前，永宁院有僧人栽植牡丹最为兴盛，俗语称呼为牡丹院。春季，前来观赏牡丹的人们多聚集在寺中。从那以后，该寺牡丹花稍有衰败，人们也再不去它那里赏花了。

【点评】

据陆游所记，天彭地区栽培牡丹的历史可以追溯到唐代，尤以唐代僧人金头陀创建的永宁院为盛。清嘉庆《彭县志》载："唐金头陀缮修，始植牡丹绝顶。"可知，金头陀为了以牡丹花供佛，最先将牡丹移植到了四川。天彭地区适宜牡丹生长，永宁院的牡丹非常兴盛，吸引了大量的赏花者，并且为该院博得了"牡丹院"的美誉。然而不知何许原因，永宁院的牡丹并没能传播开来，且有衰败萎缩的迹象。也正因为如此，后世许多人并不知道永宁院栽植牡丹的历史，而将四川地区栽培牡丹的起始时间定在了五代前后蜀时期。

南宋胡元质《牡丹谱》记载："大中祥符辛亥春，府尹任公中正宴客大慈精舍。州民王氏献一合欢牡丹，公即命图之，士庶创观，阗咽终日。蜀自李唐后未有此花，凡图画者惟名洛阳。伪蜀王氏号其苑曰宣华，权相勋臣竞起第宅，穷极奢丽，皆无牡丹。惟徐延琼闻秦州董成村僧院有牡丹一株，遂厚以金帛，历三千里取至蜀，植于新宅。至孟氏于宣华苑广加栽植，名之曰牡丹苑。"这一段珍贵史料告诉我们，北宋真宗大中祥符四年（1011）春天，益州知府任中正在大慈精舍宴请宾客，州民王氏献来一品合欢牡丹，传为佳话，士庶争相观赏。由此引发了人们对四川种植牡丹的回溯。胡元质认为，唐代四川并没有牡丹，图画者都是以洛阳牡丹为蓝本。五代前蜀时期曾经修建宣华苑，内中遍植奇花异木，外有勋贵宅第相簇，亦皆名园佳池，但都未听闻有牡丹一说。据说，前蜀主王衍的舅舅徐延琼得知秦州（今甘肃天水）董成村的寺院中有一株名贵牡丹，就派人不惜重金将其购回成都，种植在自己的新宅第中。后来，到后蜀孟知祥、孟昶时期，宣华苑大量栽植牡丹，故而得名牡丹苑。从胡元质的记载可以看出，五代前后蜀时期，牡丹走出佛教寺院，开始在社会上传播开来。不过，这一时期牡丹也只是在四川的上层社会传播，并没有进入寻常百姓家。

崇宁中①，州民宋氏、张氏、蔡氏，宣和中②，石子滩杨氏，皆尝买洛中新花以归。自是，洛花散于人间，花户始盛，皆以接花为业。大家好事者，皆竭其力以养花，而天彭之花遂冠两川[3]。今惟三井李氏、刘村毋氏、城中苏氏、城西李氏花特盛。又有余力治亭馆，以故最得名。至花户连畛相望[4]，莫得其姓氏也。

【注释】

①崇宁：宋徽宗赵佶使用的第二个年号，自1102年至1106年，共5年。

②宣和：宋徽宗赵佶使用的第六个年号，自1119年至1125年，共7年。

③两川：东川和西川的合称，代指今四川大部分地区。唐肃宗至德二年（757），剑南道置东川、西川两节度使，后世遂有两川之称。

④畛（zhěn）：田间道路，又指界限。

【译文】

崇宁年间，彭州百姓宋氏、张氏、蔡氏，宣和年间，石子滩杨氏，都曾经去洛阳购买新的牡丹品种带回本乡。从那以后，洛阳牡丹流散到彭州普通人家，专门以养牡丹为生的花户才开始兴旺起来，都以嫁接牡丹为生业。当地大户人家雅好牡丹的，全都竭尽财力来栽培牡丹，从此，天彭牡丹就冠盖两川。现在三井李氏、刘村毋氏、城中苏氏、城西李氏诸家花圃的牡丹特别兴盛。除了种花，他们又有余力修治亭台池馆，所以在彭州最为著名。至于有的花户所植牡丹亦成片连亩，绵延不绝，规模广大，只是不知道其姓氏啊！

【点评】

五代时期，前后蜀统治中心在成都，彭州属于辅郡位置，必由蜀主勋戚或心腹乡里为镇守，以拱卫成都。据《成都记》载："时彭门为辅郡，典州者多其戚里，得之上苑，而彭门花之所始也。天彭亦为之花州，而牛心山下为之花村。"这些主政彭州的官员从蜀主的宫苑中得到了牡丹植株，将其移植到了天彭地区，从此以后，牡丹在天彭开始逐渐传播开来，天彭也赢得花州之称，而牛心山下则被称为花村。当时，上至蜀主妃嫔，下至平民百姓，每到春季牡

蒋廷锡《墨牡丹》

丹开放时节，都来彭州丹景山赏花，盛况空前。北宋吞并后蜀加速了牡丹在民间的传播，许多牡丹品种流落到民间。于是，小东门外张百花、李百花家专门以栽植牡丹牟利，成为天彭地区第一批牡丹花户。

天彭牡丹最重要的传播和引种时期是在北宋中后期。当时，许多花户见栽植牡丹有利可图，便不辞劳苦，远赴洛阳去购买牡丹新品种，引种回彭州。此举进一步带动了彭州的牡丹种植事业，该州历史上的第二批花户大量涌现，并使天彭牡丹冠盖两川，奠定了西南牡丹群落在中国牡丹品种栽培史上的一席之地。

应当承认，北宋时期洛阳牡丹的传入，对彭州牡丹的发展起到了重要作用。陆游曾记载崇宁时期州民宋氏、张氏、蔡氏，宣和时期石子滩杨氏，都是引种洛阳牡丹的典型代表。在古代交通不便的条件下，他们奔走在艰难的蜀道上，怀中孕育的却是无限的憧憬和生机，虽然“洛阳牡丹甲天下”，他们却要通过自己的努力，使牡丹在蜀“天彭为第一”。有志者事竟成，经过几代花户的不懈追求，彭州牡丹终于成规模、上档次，取得了世人的认可：“天彭号小西京，以其俗好花，有京洛遗风。”彭州亦成为既洛阳之后，与后世闻名的安徽亳州、山东曹州（菏泽）并列的中国四大牡丹胜地之一。

天彭三邑皆有花[①]，惟城西沙桥上下，花尤超绝。由沙桥至堋口[②]，崇宁之间，亦多佳品。自城东抵蒙阳[③]，则绝少矣。大抵花品种近百种，然著者不过四十。而红花最多，紫花、黄花、白花，各不过数品，碧花一、二而已。

【注释】

①三邑：指彭州境内九陇、蒙阳、唐昌（北宋改为崇宁县）三邑。

②堋（péng）口：在丹景山下，属九陇，是彭州著名商业草市。

③蒙阳：在彭州东南。唐高宗仪凤二年（677），在九陇界南置蒙阳县。

彭州牡丹花会

【译文】

天彭三辖地都产有牡丹，只有城西沙桥附近的牡丹尤其超迈绝伦。从沙桥至堋口，崇宁年间也多产佳品牡丹。自城东到蒙阳，好的品种就比较少。大致彭州牡丹的品种有将近百种，但是比较出名的不超过四十种，且以红色牡丹所占比例最多，紫色牡丹、黄色牡丹、白色牡丹，各自不过几种，碧色牡丹只有一、二种而已。

【点评】

五代后蜀孟昶时期，四川成都和彭州的牡丹品种已经接近五十种，花色有七种，花纹及花型达八种之多。胡元质《牡丹谱》（又名《牡丹记》）记载：“广政五年，牡丹双开者十，黄者、白者三，红白相间者四，后主宴苑中赏之，花至盛矣。有深红、浅红、深紫、浅紫、淡黄、铔黄、洁白，正晕、倒晕、金含棱、银含棱、旁枝、副搏、合欢，重台至五十叶，面径七、八寸，有檀心如墨者，香闻至五十步。”其中，“牡丹双开”就是指并蒂花，“红白相间”就是指二乔，楼子台阁型牡丹能达到五十瓣，可见蜀中牡丹之盛。那么，为什么天彭地区的牡丹能够色彩丰富，姿容绚丽呢？胡元质继续解释说：“牡丹之性，不利燥湿。彭州丘壤，既得燥湿之中，又土人种莳偏得法，花开有至七百叶，面可径尺以上，今品类几五十种。”原来，牡丹习性不喜欢太干燥和太湿润，而彭州地区恰好丘壤燥湿适宜牡丹脾性。再加之彭州花户种植得法，所以有的牡丹花能开出七百余瓣，花冠能达到一尺左右，非常繁茂。

今自状元红至欧碧，以类次第之。所未详者，姑列其名于后，以待好事者。

状元红　祥云　绍兴春　胭脂楼　玉腰楼　金腰楼　双头红　富贵红　一尺红　鹿胎红　文公红　政和春　醉西施　迎日红　彩霞　叠罗　胜叠罗　瑞露蝉　乾花　大千叶　小千叶

右二十一品红花

紫绣球　乾道紫　泼墨紫　葛巾紫　福严紫

右五品紫花

禁苑黄　庆云黄　青心黄　黄气球

右四品黄花

玉楼子　刘师哥　玉覆盂

右三品白花

欧碧

右一品碧花

转枝红　朝霞红　洒金红　瑞云红　寿阳红　探春球　米囊红　福胜红　油红　青丝红　红鹅毛　粉鹅毛　石榴红　洗妆红[①]　蹙金球　间绿楼　银丝楼　六对蝉　洛阳春　海芙蓉　腻玉红　内人娇　朝天紫　陈州紫　袁家紫　御衣紫　靳黄　玉抱肚　胜琼　白玉盘　碧玉盘　界金楼　楼子红

右三十三品未详

【注释】

①石榴红、洗妆红：宛委山堂《说郛》本与《古今图书集成》本皆无此二品，故计为“右三十一品未详”。明代薛凤翔《亳州牡丹史》亦云：“又按蜀《天彭谱》有红花二十一品，紫花五品，黄花四品，白花三品，碧花一品，未详者三十一品。”

【译文】

现将彭州牡丹自状元红至欧碧，按品类排了名次等第。其中，不能详尽了解原委的，姑且在最后罗列了它们的名称，以期待雅好牡丹者再行考察。

状元红、祥云、绍兴春、胭脂楼、玉腰楼、金腰楼、双头红、富贵红、一尺红、鹿胎红、文公红、政和春、醉西施、迎日红、彩霞、叠罗、胜叠罗、瑞露蝉、乾花、大千叶、小千叶，上述计有二十一种红色牡丹。

紫绣球、乾道紫、泼墨紫、葛巾紫、福严紫，上述计有五种紫色牡丹。

禁苑黄、庆云黄、青心黄、黄气球，上述计有四种黄色牡丹。

玉楼子、刘师哥、玉覆盂，上述计有三种白色牡丹。

欧碧，上述为一种碧色牡丹。

转枝红、朝霞红、洒金红、瑞云红、寿阳红、探春球、米囊红、福胜红、油红、青丝红、红鹅毛、粉鹅毛、石榴红、洗妆红、蹙金球、间绿楼、银丝楼、六对蝉、洛阳春、海芙蓉、腻玉红、内人娇、朝天紫、陈州紫、袁家紫、御衣紫、靳黄、玉抱肚、胜琼、白玉盘、碧玉盘、界金楼、楼子红，上述计有三十三种牡丹，未详其花色品第。

【点评】

五代至两宋时期，蜀中地区的牡丹品种，除了陆游所记67种之外，还有其他的品种。比如胡元质《牡丹谱》中曾经记载有“枯枝牡丹”。这种牡丹生长在四川灌县西南八十里的大面山牡丹坪上。“自青城长平扪萝而上，由鸟道三十里许，乃金华庵，前有平皋，树高蔽天。花开桃红色，荚叶十四、五瓣，状如芙蓉，香似牡丹。春深，花先长，后发叶，谓之‘枯枝牡丹’。谯大授、李太素二先生隐居其中。范至能有诗：‘十丈牡丹如锦盖，人间姚魏敢争春。’世传谓三十年其花

余稚《花鸟图册》

方一开。今按青城山势秀丽，泉流清美，精英之气，泄为奇花，理或然也。若谓其三十年一开，何今历年之久，不得一见耶？”正所谓“好花美丽不常开，好景宜人不常在”，这种枯枝牡丹长在高山险峻的金华庵前，若要到达到此地，必须自青城长平攀登藤萝而上，再冒险在山中跋涉三十里鸟道，才能看到这株遮天蔽日的大花树。此树开花时花朵为桃红色，外形像芙蓉，但香味似牡丹。晚春时节，此树先开花，后吐露枝叶，每当花姿娇艳之日，正值枯枝嶙峋之时，因此被冠名为“枯枝牡丹”。不过，这种珍贵牡丹长在灌县牡丹坪倒也并非毫无缘由。青城天下幽，山势秀丽，泉水淙淙，造化钟萃，孕育出独特的牡丹品种，却也是在常理之中啊！只不过枯枝牡丹三十年方才一开花，凡人少见其芳容啊！因此，难免胡元质会产生疑问。宋朝灭亡以后，据说枯枝牡丹由西部地区流传到了江南姑苏，又由枫桥镇移栽到了东溟（盐城便仓）。是否真是如此，这是枯枝牡丹留给世人的又一谜团。另外，明末朱国祯《涌幢小品》云：“青城山有牡丹，树高十丈，花甲一周始一作花。永乐中适当花开，蜀献王遣使视之，取花以回。”这株高十丈的牡丹花树竟然六十年才开一次花，比之金华庵牡丹树更不易吐芳，亦为青城牡丹一奇异品种。

除此而外，四川峨眉山万年寺的七蕊牡丹和双头牡丹也是著名的牡丹品种。川西北马尔康的崇山峻岭之中还长有一种“四川牡丹”，它是我国珍稀的野生牡丹品种。这些都是西南牡丹品种群中的名品，为牡丹大家庭增添了靓丽新姿。

花释名第二

洛花见纪于欧阳公者[1]，天彭往往有之。此不载，载其著于天彭者。彭人谓花之多叶者，京花；单叶者，川花。近岁尤贱川花，卖不复售。花之旧栽曰祖花。其新接头，有一春、两春者，花少而富。至三春[2]，则花稍多。及成树，花虽益繁，而花叶减矣。

【注释】

①欧阳公：即欧阳修，他于北宋仁宗景祐元年（1034）撰写了《洛阳牡丹记》。

②三春：通常指春季三个月，农历正月称孟春，二月称仲春，三月称季春，合称三春。这里的一春、二春、三春是指接龄一年、两年、三年的意思。

【译文】

洛阳牡丹中被记载于欧阳修《洛阳牡丹记》的，天彭也往往有这些品种。在此就不予以记载了，只记载在天彭比较著名的牡丹品种。彭州人称呼重瓣或千瓣牡丹为“京花”，称呼单瓣牡丹为“川花”。近年来，尤其轻贱川花，卖出以后就不再续售。宿旧的牡丹花称为“祖花”。在上面新嫁接的花头，有一岁龄、两岁龄的，开花少而花瓣多。到三岁龄的花头，开花数量就会稍稍多起来。待到牡丹主干健壮，花朵虽然更加繁盛，但是花瓣数量却开始减少了啊。

【点评】

彭州人称由洛阳引种来的重瓣或千瓣牡丹为“京花”，称本地野生单瓣牡丹为“川花”，这并不只是陆游单独的记载，南宋胡元质在《牡丹谱》中也有过同样的描述。他曾经记载道：“千叶花来自洛京，土人谓之‘京花’，单叶时号‘川花’尔。”其实，这反映的是彭州花户对牡丹瓣型的深入了解，和对嫁接技术的熟练掌握。一般说来，单瓣牡丹花型变化不大，不容易开出娇艳多姿的花朵，因此彭州花户通常以单瓣牡丹作砧木，以千瓣牡丹作接头，嫁接出花型富于变化的牡丹品种。

据《彭县志》称，两宋时期，彭州花户“人秘园经，家有花谱”。每户都有秘不示人的园艺经验，每家都有代代传承的花谱，使得彭州栽植牡丹的经验和上好的牡丹品种能够保存下来，并不断推陈出新，发扬光大。也正因为如此，天彭的牡丹后来居上，有“小西京”之称。当时，牛心山下有“花村”，丽春场因“花特盛”而被称为“花街”，城外有“花市”，城内有“种花台”。每到春天牡丹绽放时节，游人聚，花竞胜，登城眺望，灿若锦堆，一派花盛人和的繁荣景象。

状元红者，重叶，深红花。其色与鞓红、潜绯相类①，而天姿富贵，彭人以冠花品。多叶者谓之“第一架”，叶少而色稍浅者谓之“第二架”。以其高出众花之上，故名“状元红”。或曰：旧制进士第一人，即赐茜袍②，此花如其色，故以名之。

袁江《花果图》（局部）

【注释】

①潜绯：即潜溪绯，千瓣粉红牡丹，出自潜溪寺。

②茜（qiàn）：茜草，多年生草本，根黄红色，可作红色染料。又指深红色。

【译文】

状元红牡丹，重瓣，花色深红。这种牡丹的花色与鞓红牡丹、潜溪绯牡丹相类似，天生姿丽富贵，彭州人将其称为天彭牡丹之魁首。重瓣的状元红称为“第一架”，瓣少且花色稍浅的称为“第二架”。因这种牡丹品质超出众牡丹之上，所以被称为“状元红”。也有人说，以往科举考试制度，中进士第一人者，就获得皇帝颁赐的深红色袍服，这品牡丹花色就像茜袍颜色一样，因此以状元红来命名它。

【点评】

由于陆游只参考了欧阳修的《洛阳牡丹记》，没有看到周师厚的《洛阳牡丹记》，因此认为欧阳修对状元红没有记载，于是就在《天彭牡丹谱》中着墨较多。其实，状元红并不是彭州的特产，周师厚已经在其《洛阳牡丹记》中交代得非常清楚："状元红，千叶深红花也。色类丹砂而浅，叶杪微淡，近萼渐深，有紫檀心，开头可七、八寸。其色甚美，迥出众花之上，故洛人以状元呼之。惜乎开头差小于魏花，而色深过之远甚。其花出安国寺张氏家，熙宁初方有之，俗谓之张八花。今流传诸圃甚盛，龙岁有此花，又特可贵也。"周师厚认为洛阳人称呼状元红，就是因"其色甚美，迥出众花之上"，取意魁首的意思，与科举考试状元穿戴的茜袍没有多大关联。薛凤翔《亳州牡丹史》载，状元红在明朝弘治年间传到了山东："弘治间得之曹县，又名曹县状元红。""又一种金花状元红者，宜阳，大瓣平头，微紫，每瓣有黄须，今绝少。"

牡丹品种中开深红色花的确实非常罕见，诚为珍品。唐代康骈《剧谈录》记载，唐代京城百花开放时，人们以牡丹为花卉上品。佛教寺庙和道教宫观都种植牡丹，吸引大量游览观赏者。慈恩浴堂院就种有两丛牡丹，每当开放时有五、六百朵之多，繁艳芬馥，近少伦比。唐武宗会昌年间，朝士数人寻芳赏花，走访了许多僧室，在东廊院见有白牡丹十分可爱，就相邀倾酒而坐。大家品评说："牡丹之盛，盖亦奇矣。然世之所玩者，但浅红、深紫而已，竟未识红之深者。"院主老僧微笑曰："安得无之，但诸贤未见尔。"老僧这一席话，勾起了众人的兴趣，于是众朝士不断追问，竟然有一夜之久，大家认为出家人不打诳语，老僧一定是曾经看过深红牡丹，必欲要老僧带为一观，以满足游春之心愿。老僧仍然搪塞说是别处看到的，不在本寺之中。但众人并不相信，一直央求到天亮也不罢休。老僧无奈，方露言曰："众君子好尚如此，贫道又安得藏之？今欲同看此花，但未知不泄于人否？"大家作礼而发誓，保证终身不泄露花踪。于是，老僧打开一间密室，又带领众人转入一隐蔽小院。"有小堂两间，颇甚华洁，轩庑栏楹皆是柏材。有殷红牡丹一窠，婆娑几及千朵。初旭才照，露华半晞，浓姿半开，炫耀心目。”众朝士惊艳于这株深红牡丹之美，驻足留恋，迟迟不肯离去，又观赏了一整天，直到暮色降临，方才依依不舍而去。老僧万万没有想到，这些人竟然不守诺言，后来设圈套骗老僧出寺，派人掠夺走了这株罕见的牡丹珍品。他们虽然留下了黄金三十两，蜀茶二斤，作为酬赠，但毕竟不是当初香花藏古寺的美好意境了。

祥云者，千叶，浅红花。妖艳多态，而花叶最多。花户王氏谓此花如朵云状，故谓之“祥云”。

【译文】

祥云牡丹，千瓣，花色浅红。此品牡丹妖娆美艳，多姿多态，且花瓣数量最多。花户王氏曾说这种牡丹的花型像云朵的形状，因此称呼它为“祥云”。

【点评】

根据陆游走访调查的结果，祥云牡丹是由彭州一位王姓花户，依其颜色和形状来命名的。但胡元质在其《牡丹谱》中又提出了另外一种说法：“继又有一种，色淡红，枝头绝大者，中书舍人程公厚倅（cuì）是州，目之为祥云。其花结子可种，余花多取单叶本，以千叶花接之。千叶花来自洛京，土人谓之‘京花’，单叶时号‘川花’尔。”胡元质认为，祥云牡丹的命名，是从中书舍人程厚开始的。程厚，字子山，与秦桧交往较密。据此推算，祥云牡丹的得名，当在南宋初年。其实，祥云牡丹的称呼既可能起于花户王氏，又得益于程厚之推介。王氏最先培植此品牡丹，因花型而命名，但此花还不为世人所熟知，故而流之不远。待程厚认可以后，重申其祥云之名，并在彭州社会上层流传开来，因之而有此二说。

绍兴春者，祥云子花也。色淡伫而花尤富①，大者径尺，绍兴中始传②。大抵花户多种花子，以观其变，不独祥云耳。

马元驭《浓香时复度清风》

【注释】

①伫（zhù）：积聚。淡伫，即淡泊、澹泊，明静的样子。

②绍兴：南宋高宗赵构使用的第二个年号，从1131年至1162年，共32年。

【译文】

绍兴春牡丹，祥云牡丹花籽繁殖出的牡丹。花色淡红明静，花瓣尤其繁富，较大的花头直径可达一尺，宋高宗绍兴年间才开始流传。大体上花匠都通过种牡丹花籽，来观察其生长和花型变化，不只是祥云牡丹罢了。

【点评】

南宋胡元质曾经在《牡丹谱》中专门就祥云的花籽繁育情况进行了记载，他说："其花结子可种，余花多取单叶本，以千叶花接之。"祥云牡丹开花后结出籽粒，可以播种培育出新的牡丹品种。虽然他没有明确记载新的品种名为"绍兴春"，但起码可以与陆游的记载互相印证。胡元质还特别强调，许多牡丹品种都是以单瓣牡丹为砧本，以千瓣牡丹为接头，嫁接而繁育出来的。这是比较常用的牡丹繁育方法之一。然而，牡丹播种繁殖也是获取优异牡丹品种的方法之一。这是为什么呢？原来，这与牡丹异花授粉的生理习性有关。

牡丹是虫媒花，异花受粉植物，受精以后遗传异质性提高，也就是遗传基因突变概率较大，从而使获得优异牡丹品种的机会增多。陆游所云"大抵花户多种花子，以观其变"，就是指这种繁殖方法。不过，这种牡丹繁育方法也有缺点和不足，它既不能保证亲本的品种优良性，又成花时间较长，一般从播种到开花要四、五年左右。

胭脂楼者，深浅相间，如胭脂染成，重叠累萼，状如楼观。色浅者，出于新繁勾氏[①]。色深者，出于花户宋氏。又有一种，色稍下。独勾氏花为冠。

【注释】

①新繁：北周改繁县置，属蜀郡，治所在今四川新都县西北新繁镇。隋初废入成都

县，唐初复置，至德二年（757），属成都府。

【译文】

胭脂楼牡丹，花色深浅交错，就像用胭脂染成，重瓣，花萼堆叠，形状像楼观一样。花色浅的出自于新繁勾氏家，花色深的出自于花户宋氏家。还有一种花色稍嫌卑下，唯独勾氏胭脂牡丹为最好。

【点评】

胭脂楼牡丹，粉红色，台阁型，花瓣尖梢颜色略深，因此看上去颜色呈深浅相间状。直到目前，胭脂楼的花色和花型仍与陆游《天彭牡丹谱》所记相同。说明千余年来，此品未有较大变异。

胭脂色是牡丹花色的常见颜色，胭脂牡丹则是历代文人墨客赏摩吟诵的主要对象之一。唐代诗人方干曾经作七律《牡丹》："借问庭前早晚栽，座中疑是画屏开。花分浅浅胭脂脸，叶堕殷殷腻粉腮。红砌不须夸芍药，白苹何用逞重台。殷勤为报看花客，莫学游蜂日日来。"诗中说，经过花匠每天早晚辛苦培育，终于迎来胭脂牡丹开放，观者赞赏就像展开画屏一样，繁花似锦。浅浅胭脂脸和殷殷腻粉腮恰当地描绘出了牡丹深浅相间的妩媚花姿，似含羞美人半掩半遮。难怪作者心生怜悯，劝诫看花客"莫学游蜂日日来"呢。

金腰楼、玉腰楼，皆粉红花而起楼子。黄、白间之如金、玉色，与胭脂楼同类。

【译文】

金腰楼牡丹、玉腰楼牡丹，都是粉红花朵，且隆起楼子。黄纹、白纹相杂期间，就像金玉生辉一样，其品第与胭脂楼牡丹类似。

【点评】

金腰楼和玉腰楼都属于牡丹"间金"品种，也就是雄蕊瓣化的结果。金腰楼，花色粉

马逸《国色天香图》

红，台阁型，花瓣有光泽，瓣基有紫红色斑。花盘较大，下层花瓣间有一圈黄色雄蕊，如金色腰带，因此得名。同理，玉腰楼亦是粉红花，只是下层花瓣间有一圈白色雄蕊，故称玉腰楼。金腰楼为中花品种，植株半开展型，高度可达两米以上，长势旺，适应性强。这个品种由四单花构成，花瓣多达**880**余瓣，为古今牡丹中所罕见。如今，金腰楼在彭州和四川各地广为栽培，与陆游《天彭牡丹谱》所载没有太大差异，较好地保持了种群的独特性。现在河南洛阳地区也有金腰楼，但却为红色花，已经发生了变异。

胡元质《牡丹谱》记有“金含棱”和“银含棱”，想必也是彭州地区的“间金”品种。另据宋人钱易《洞微志》记载：“中军都虞侯金治所居堂东植牡丹一本，着花三百朵，其色如血，谓之‘金含棱’，每瓶子顶上有碎金丝如自然蛱蝶之状，一城以为殊异。”由此可知，金含棱是深红牡丹，花房顶端有碎金丝，像蛱蝶翅膀花纹一样。因此，早在北宋初期，牡丹雄蕊瓣化的现象已经引起了人们的关注，开始有意识地培育这类牡丹品种。

双头红者，并蒂骈萼，色尤鲜明，出于花户宋氏。始秘不传，有谢主簿者①，始得其种，今花户往往有之。然养之得地，则岁岁皆双。不尔，则间年矣。此花之绝异者也。

【注释】

①主簿：主簿之职，始见于战国秦昭王时期。后为各级主官属下掌管文书的佐吏。宋朝主簿为职事官，有司天台主簿、太常寺主簿、少府监主簿、都水监主簿、县主簿等。

【译文】

双头红牡丹，并蒂花头，双重花萼，花色非常鲜艳明丽，产自于花户宋氏家。一开始，宋家对此品秘不外传，有一位姓谢的主簿几经努力，方才得到这个花种，如今花匠家大多种有这品牡丹。然而只要栽培土壤适宜，就会年年开双头花。如果地气不适宜，就只能隔年开并蒂花了。这真是牡丹之中绝伦瑰异的品种啊！

【点评】

明代薛凤翔《亳州牡丹史》云："双头红即灵品中合欢娇。"薛凤翔为什么这样记载呢？因为合欢娇与双头红确实在花色和花型上是完全一致的。他说："合欢娇，深桃红色。一胎二花，托蒂偶并，微有大小。日分双影，风合歧香。此与转枝一种，皆造化之巧。"合欢娇的"一胎二花，托蒂偶并"与双头红的"并蒂骈萼"是相同的，合欢娇的"深桃红色"与双头红的"色尤鲜明"也是吻合的，因此，二者确实是同花异名，同种异称。另外，从薛凤翔的描述中还可以得出，双头红有"日分双影，风合歧香"的特征，也就是在正午时分，此花有重影之妙，并且清风吹来伴有异香，更增加了此品的神韵，真可谓造化之巧，自然之奇啊！

虞沅《玉堂富贵图》

富贵红者，其花叶圆正而厚，色若新染未干者。他花皆落，独此抱枝而槁，亦花之异者。

【译文】

富贵红牡丹，它的花瓣圆满端正并且厚实，花色像新染未干燥的样子。其他牡丹都凋落的时候，唯独这种牡丹花头挺立着渐趋枯萎，这也是牡丹之中瑰异的品种啊。

【点评】

富贵红牡丹在周师厚《洛阳牡丹记》中亦有收录，知其为千瓣粉红花，与寿安牡丹为同类，颜色稍深且略带绯紫色。此品最大特色是萎而不落，抱枝而槁，似自有一番风骨，傲然不群，气质颇佳。

四川地区的牡丹经常成为文人歌咏的对象。北宋诗人韩绛《和范蜀公题蜀中花图》诗曰：“径尺千余朵，矜夸古复今。锦城春物异，粉面瑞云深。赏爱难忘酒，珍奇不贵金。应知空色理，梦幻即惟心。”成都地区的牡丹花头径尺，开盘很大，竟达千余朵，故而称为“锦城春物异”。“粉面瑞云深”又折射出四川牡丹以红色居多的特征，引得看花客流连忘返，在醉幻与真实中思索着“色即是空，空即是色”的佛家至理名言。不过，对于蜀中牡丹之盛，更多的人则是抱有“花重锦官城”之感。南宋词人赵以夫《天香牡丹》词上阕云：“蜀锦移芳，巫云散彩，天孙翦取相寄。金屋看承，玉台凝盼，尚忆旧家风味。生香绝艳，说不尽，天然富贵。”蜀锦巫云伴天孙，金屋玉台忆旧家，好一个“说不尽天然富贵”，沉浸在这繁花似锦的天地中，又有谁能收起欲念，“应知空色理”呢？

一尺红者，深红，颇近紫色。花面大几尺①，故以“一尺”名之。

【注释】

①几（jī）：将近于，接近于。

【译文】

一尺红牡丹，花色深红，很接近紫色，花冠较大，直径几乎达到一尺，因此，用一尺红来命名。

【点评】

北宋成都华阳籍名臣范镇，在成都生活多年，于当地牡丹观察非常细致。他在五律《牡丹》（又作《李才元寄示蜀中花图诗》）诗中云：“自古成都胜，开花不似今。径围三尺大，颜色几重深。未放香喷雪，仍藏蕊散金。要知空相谕，聊见主人心。”从诗里可以看出，虽然以往成都以花开似锦著称，但牡丹也没有像当下这样繁盛。“径围三尺大”固然是虚指，但说明牡丹的花冠很大，直径起码接近一尺。因此，出现所谓“一尺红”这样的名称也就不足为奇了。

鹿胎红者，鹤翎红子花[①]。色红，微带黄，上有白点如鹿胎，极化工之妙。欧阳公花品有“鹿胎花”者，乃紫花，与此颇异。

【注释】

①翎：汲古阁本作“领”，《古今图书集成》本作“翎”，今从《古今图书集成》本。康熙《御定佩文斋广群芳谱》作：“鹿胎红者，鹤翎红子花也，色微带黄。”其义亦明。

李鱓《松石牡丹图》

【译文】

鹿胎红牡丹，是鹤翎红牡丹的种子繁殖出的品种，花色红中略微带黄，花瓣上有白色斑点，像鹿腹皮斑纹一样，极尽大自然造化工巧之神妙。欧阳修《洛阳牡丹记》中的鹿胎花，乃是紫色牡丹，与这种牡丹花色有较大不同。

【点评】

前文述及，宋代花户亦经常采用播种繁育的方式，然后在实生苗中选育出牡丹优异品种。这种播种方式与分株、嫁接、扦插、压条等，成为牡丹繁殖的常用五大方法，培育出了千变万化，多姿多彩的牡丹品种。周师厚在《洛阳牡丹记》中记载，洛阳的花匠从“魏花”的实生苗中选育出“胜魏”、“都胜”。陆游在《天彭牡丹谱》中也记载有“绍兴春”是“祥云”子花，“鹿胎红”是“鹤翎红”子花，“泼墨紫”是“新紫花”（紫绣球）之子花。在古代的园艺水平和科技条件下，牡丹播种繁育法的运用，使牡丹品种数量节节攀升，以至于欧阳修曾发出“四十年间花百变”的惊叹。

另外，宋代工艺图案重写实，鹿胎纹是染缬中的重要图案之一。鹿胎染缬是一种高级染缬技术，制造工艺非常复杂，烦琐程度绝不亚于套色蜡染。北宋时期，鹿胎纹以川中地区最为讲究，这可能得益于蜀中有“鹿胎红”牡丹为实物样本的缘故。鹿胎纹有紫底白斑和红底白斑两种，由于印染工艺高超，北宋政府多次下令，禁止擅自织造买卖。《宋史·食货志》载：“诏川陕织造院，自今非供军用布帛，其绵、绮、鹿胎、透背、六铢、欹正、龟壳等缎匹，不须买织。”可见，鹿胎纹的规格非常高，普通百姓无缘一见啊。

文公红者[①]，出于西京潞公园，亦花之丽者。其种传蜀中，遂以“文公”名之。

【注释】

①文公：指北宋名臣文彦博，封潞国公。

【译文】

文公红牡丹，产自西京洛阳潞公花园，也称得上牡丹中的艳丽品种。这个品种流传到蜀中地区以后，就以文公红来命名。

【点评】

北宋李格非《洛阳名园记》云：“文潞公东园，本药圃地，薄东城，水渺弥，甚广，泛舟游者，如在江湖间也。渊映、瀍（chán）水二堂，宛宛在水中。湘肤、药圃二堂，间列水石。西去其第里余。今潞公官太师，年九十，尚时杖屦（jù）游之。”文彦博的东园以水域面积广大著称，园内遍植名花异草，尤以牡丹居多，想必文公红这品牡丹就是产自其中吧。

政和春者，浅粉红花，有丝头，政和中始出[①]。

陆恢《香园栋香》

【注释】

①政和：北宋徽宗赵佶使用的第4个年号，从1111年至1118年，近8年。

【译文】

政和春牡丹，花色浅粉红，长有丝絮状花头，是政和年间才面世的品种。

【点评】

政和春牡丹，这一品种在其他牡丹谱中都未见记载，只是王象晋《群芳谱》有提及，亦是以陆游《天彭牡丹谱》为蓝本。从陆游的记载来看，“有丝头”表明此品牡丹的雄蕊瓣化并不完全，却也成就了它的独特花容。目前的政和春，花呈粉色，蔷薇型，花瓣极多，但花盘较扁，彭州当地人形容此花像个饼子。未知是否就是陆游当年见到的政和春呢。

醉西施者，粉白花，中间红晕，状如酡颜①。

【注释】

①酡（tuó）：酒后脸红。

【译文】

醉西施牡丹，花色粉白，中间红晕部分，形态像酒后脸红的颜色一样。

【点评】

北宋诗人傅察《牡丹》诗曰：“半醉西施晕晓妆，天香一夜染衣裳。踌躇欲尽无穷意，笔法谁人继赵昌。”拂晓时节，牡丹含羞绽开，吐露一片酡颜，随风摇曳恰似踌躇未尽，将醉西施之神态描摹活现，特别是“天香一夜染衣裳”之句更得唐人遗风。傅察看见此情此景，不免心生感慨，还有谁能够像国画大师赵昌那样，将这良辰美景呈现于丹青之间呢？赵昌，字昌之，广汉剑南（今四川剑阁）人，北宋著名画家。他先后师事滕昌祐、徐崇嗣，擅画花果，多作折枝花，兼工草虫。为了达到神似，赵昌常于清晨朝露未干之时，围绕花圃观察花木神态，调色描绘，自号“写生赵昌”。傅察《牡丹》诗中所云场景，岂不正像当年赵昌写生时一样吗？只是良辰依旧，美花常开，但斯人已去，故而作者有“笔法谁人继”之叹息。

迎日红者，与醉西施同类，浅红花中特出深红花[①]。开最早，而妖丽夺目，故以“迎日”名之。

【注释】

①特：非常；格外。

【译文】

迎日红牡丹，与醉西施牡丹同一类别，浅红花朵中格外长出深红花瓣。此花开放时间最早，妖娆艳丽，光彩夺目，因此用“迎日红”来命名它。

【点评】

自从北宋诗人范镇作《李才元寄示蜀中花图诗》以后，他的四位挚友韩绛、韩维、司马光、范纯仁各自写了一首答和诗。韩维《和景仁开才能元寄牡丹图》诗云：“胜事常归蜀，奇葩又验今。仙冠裁样巧，彩笔费功深。白岂容施粉，红须陋间金。不嗟珍赏异，千里见君心。”韩维认为蜀中常胜事，现在又一次被奇葩牡丹验证了。他将牡丹花盘比喻成裁工精巧的仙冠，将牡丹花色想象成由彩笔描绘而成。红色、白色牡丹都不算什么稀奇的，间金牡丹才是真正的神品。朋友不忍独自一人欣赏蜀中盛开的牡丹，将其画成图样，不远千里寄给范镇观赏，真可谓"千里见君心"啊！

彩霞者，其色光丽，烂然如霞。

叠罗者①，中间琐碎，如叠罗纹。

胜叠罗者，差大于叠罗。此三品，皆以形而名之。

【注释】

①叠罗：绫罗重叠的样子。唐杜甫《端午日赐衣》诗云："细葛含风软，香罗叠雪轻。"后为中国古代花卉常用名，有叠罗菊、叠罗牡丹等。北宋词人陈师道《临江仙·送叠罗菊与赵使君》词云："香罗堆叶密，芳意著心单。"

蒋廷锡《锦鸡牡丹图》

【译文】

彩霞牡丹，这种牡丹的花色光鲜艳丽，明亮的样子像霞光一般。

叠罗牡丹，中间的花瓣繁密细碎，像叠罗纹一样。

胜叠罗牡丹，花盘比叠罗牡丹稍大些。这三个品种，都是因形态来命名的。

瑞露蝉，亦粉红花，中抽碧心，如合蝉状①。

【注释】

①合蝉：蝉翼闭合在一起，呈透明翠绿色。在汉代又指一种连发机弩。

【译文】

瑞露蝉牡丹，也是粉红花朵，中间抽出碧绿花心，像闭合的透明翠绿蝉翼一样。

【点评】

瑞露蝉牡丹是一种非常奇特的牡丹，明代薛凤翔《亳州牡丹史》云："瑞露蝉，即桃红舞青猊。"猊即狻猊（suān ní），传说中龙生九子之一，狮子属。王象晋《群芳谱》又云："桃红舞青猊，千叶楼子，中五青瓣，一名'睡绿蝉'，宜阳。"由上可知，此品是一种千瓣粉红楼子牡丹，尤为奇特之处是中间长出五瓣青色花瓣，因此俗称为"睡绿蝉"，就像露蝉闭合透明翠绿双翼，爬在粉红色牡丹上休息一样。又有人充分发挥想象力，将粉红花瓣视为桃红绣球，以五青瓣当作青猊，恰似桃红绣球戏舞青猊之状，故而得名"桃红舞青猊"，充满了神异和动感，平添了这种牡丹的珍奇瑰异之美。

"舞青猊"算得上是牡丹中的一个大家族，据薛凤翔记载，除了桃红舞青猊之外，"又有银红舞青猊、紫舞青猊、大红舞青猊、粉红舞青猊、茄花舞青猊、藕丝舞青猊、白舞青猊诸色，皆从花中抽五、六青叶，如翠羽双翅。桃红者，谓之'睡绿蝉'，以其结绿如含蝉状。诸品惟花红者为上，白次之，桃红又次之，余不足入品"。

乾花者，粉红花，而分蝉旋转①，其花亦大。

【注释】

①分蝉：张开的蝉翼。

【译文】

乾花牡丹，花色粉红，花瓣像张开的蝉翼盘曲旋转，它的花头也很大。

大千叶、小千叶，皆粉红花之杰者。大千叶无碎花，小千叶则花萼琐碎，故以大、小别之。

此二十一品皆红花之著者也。

慈禧《花卉图》

【译文】

大千叶牡丹、小千叶牡丹，花色都是粉红，乃牡丹之中的瑰异品种啊。大千叶牡丹没有细碎花瓣，小千叶牡丹的花萼繁密细碎，因此用大、小千叶来区别二者。

以上这二十一种，都是彭州红色牡丹里面著名的品种。

【点评】

薛凤翔曾经在《亳州牡丹史》中进行过考证，比较了彭州牡丹、洛阳牡丹、与亳州牡丹的异同之处。他写道："又按蜀《天彭谱》有红花二十一品，紫花五品，黄花四品，白花三品，碧花一品，未详者三十一品。今亳所有红品相同者，醉西施、彩霞红、油红、陈州红、瑞露蝉、双头红。其余若献来红、丹州红、延州红、鹿胎花、莲花萼、真珠红、一捻红，及姚黄、牛家黄、鞓黄、甘草黄者，皆属未闻。亳州诸花与洛谱合者颇多，与彭谱不过十一，岂蜀道辽远，相传者遂少耶，抑地迥而名异耶？候再考订。"亳州牡丹中，红色牡丹与天彭红色牡丹相同的只有6种，其余许多牡丹品种都从未听闻。倒是亳州牡丹品种与洛阳牡丹品种有许多重合的，与陆游《天彭牡丹谱》中记载的品种相同的还不足十分之一。因此，薛凤翔不免猜疑，难道是因为四川距离中原较远，道路不畅通的缘故？还是因为地域差异所造成的同种异名的缘故呢？他百思不得其解，只好留待后人再行考订吧。

紫绣球，一名“新紫花”，盖魏花之别品也。其花叶圆正如绣球状，亦有起楼者，为天彭紫花之冠。

【译文】

紫绣球牡丹，又称为新紫花，可能是魏花牡丹的别种啊。这种牡丹花头圆实齐正，像绣球一样，也有的会长出楼子，这是彭州紫花牡丹里面排第一位的。

【点评】

紫绣球，紫红色，有光泽，楼子台阁型。下层花的花萼瓣化，外瓣三轮，瓣基有紫黑斑，内瓣较狭，内外瓣间有一圈退化的雄蕊。上层花的雄蕊全部瓣化，有残存花药。此品花容端庄，有浓郁的玫瑰香味，盛开时花头下垂。植株中型，为中花品种，较耐阴。彭州的紫绣球花大色深，花容远优于菏泽、洛阳、兰州的同名品种，三地的紫绣球与彭州紫绣球是同名异种的关系。

乾道紫①，色稍淡而晕红，出未十年。

【注释】

①乾道：南宋孝宗赵昚于公元1165至1173年间所用年号。

【译文】

乾道紫牡丹，花色比紫绣球略淡，且带有红色浸染，此品问世还不足十年。

【点评】

彭州紫花牡丹中除了紫绣球名扬天下以外，还有一种彭州紫牡丹饮誉华夏。彭州紫，又名玉腰紫，花色紫红，花瓣有光泽，台阁型，花冠较大。此品花瓣基部有黑紫红色斑块，下层花瓣间有一圈白色膜瓣，是由两花叠合时雌蕊瓣化的结果。彭州紫色彩凝重，富丽堂皇，具有玫瑰香味，为中早花品种。此花植株高大，可达两米以上，萌芽力强，生长旺盛，较耐阴，稍耐湿，适应性强。陆游、胡元质等早期蜀中牡丹谱录都没有记载这个品种，明王象晋《群芳谱》和清康熙《广群芳谱》亦未提及，说明它是近代才培育成功的牡丹名品。

泼墨紫者，新紫花之子花也。单叶，深黑如墨。欧公记有叶底紫近之[1]。

元青花缠枝牡丹纹大罐

【注释】

①叶底紫：欧阳修《洛阳牡丹记》载："叶底紫者，千叶，紫花，其色如墨，亦谓之墨紫。花在丛中，旁必生一大枝，引叶覆其上，其开也比他花可延十日之久。噫，造物者亦惜之耶！此花之出，比他花最远。传云唐末有中官为观军容使者，花出其家，亦谓之军容紫，岁久失其姓氏矣。"

【译文】

泼墨紫牡丹，是由新紫花（紫

绣球）牡丹的花籽繁殖出的牡丹品种。单瓣，花色深紫黑色像墨汁一样。欧阳修《洛阳牡丹记》记有叶底紫牡丹，比较接近这个品种。

【点评】

正如陆游所云，泼墨紫可能与叶底紫有较近的亲缘关系，或者在欧阳修撰《洛阳牡丹记》时已经问世。欧阳修《谢观文王尚书惠西京牡丹》曰："我时年才二十余，每到花开如蛱蝶。姚黄魏紫腰带鞓，泼墨齐头藏绿叶。鹤翎添色又其次，此外虽妍犹婢妾。"文中的"泼墨"和"齐头"都是紫花牡丹的名品，作者给予了较高的评价。

泼墨是中国古代绘画的一种技法，用笔蘸墨汁大片地挥洒在纸上或绢上，画出物体形象，像把墨汁泼上去一样，画面气势奔放。宋末元初的书画家钱选，以擅长画牡丹闻名。他将文人画的笔法和意兴融入牡丹绘画之中，表现出一种生拙之趣，别具一格。其《殊芳艳丽》立轴，也是一幅传世牡丹名画，后来传到清康熙皇帝手中。康熙帝自幼就非常喜欢牡丹，圆明园牡丹台就遍植天下牡丹名品。康熙帝对钱选的《殊芳艳丽》极为欣赏，揣摩把玩之余，即兴在画的右上方赋御制《咏牡丹》诗一首："晨葩吐禁苑，花莳就新晴。玉版参仙蕊，金丝杂绿英。色含泼墨发，气逐彩云生。莫讶清平调，天香自有情。"其中"色含泼墨发，气逐彩云生"一句，既是康熙帝对钱选绘画技法的肯定与赞赏，又是他欣赏牡丹几十载的审美体验与想象，吟诵起来自然贴切，而又令人回味无穷，浮想联翩。

葛巾紫，花圆正而富丽，如世人所戴葛巾状①。

【注释】

①葛巾：用葛布制成的头巾，形如帽而横著，尊卑共服。葛布就是用葛的纤维织成的布。

【译文】

葛巾紫牡丹，花头圆实齐整，富态华丽，就像世人所佩戴的葛巾的形状。

钱选《殊芳艳丽》

【点评】

葛巾紫，花开紫色，楼子台阁型。此品花瓣非常繁碎，排列紧密，雌雄蕊全部瓣化。花冠硕大，状若紫云，是牡丹名贵品种之一。

葛巾紫在清代还成为蒲松龄《聊斋志异·葛巾》中的女主人公。洛阳书生常大用癖好牡丹，听闻曹州牡丹甲齐鲁，颇心向往之。后来他恰好因事去曹州，便借住在缙绅的花园之中。时方二月，牡丹还未开放，但常大用倾心曹州牡丹已久，遂作《怀牡丹》诗百绝。过了不久，牡丹渐渐含苞，姿丽初露，令常大用流连忘返。一天凌晨，他在花园中巧遇一宫妆绝艳之女郎，如梦如幻，惊为仙人。女郎名葛巾，亦对常生颇有好感。两人眉目传情，暗送秋波，日日相会于牡丹丛中。后来，两人喜结良缘，共赴洛阳，过起美好生活。葛巾又从中牵线，将自己的妹妹玉版嫁给常大用的弟弟常大器。又过两年，姊妹二人各为常氏兄弟育有一子，家中日子也日益富裕起来。可能觉得幸福生活得之过易，常大用对葛巾、玉版的身世渐生疑窦，只知她们是曹州魏姓大户人家的小姐，母亲封曹国夫人。但事实上曹州并无魏姓显户，于是常大用借口有事，又去曹州查访。经过明察暗访，他终于发现妻子葛巾竟是一个花妖，心生嫌隙。葛巾明白事情原委之后，招呼妹妹玉版抱儿而至，曰：“三年前感君见思，遂呈身相报。今见猜疑，何可复聚？”语罢，姊妹二人举起孩儿掷于门外，孩子落地的一瞬间，二人也如风而逝。数日后，堕儿处生出两株牡丹，一夜径尺，当年而花，一紫一白，朵大如盘，比起寻常的葛巾、玉版牡丹，花瓣更加繁碎。人们说这就是花妖的化身啊！

福严紫，亦重叶紫花。其叶少于紫绣球，莫详所以得名。按欧公所纪，有玉板白，出于福严院。土人云：此花亦自西京来，谓之“旧紫花”。岂亦出于福严耶？

【译文】

福严紫牡丹，也是重瓣，紫色花朵。它的花瓣数量比紫绣球少，不晓得它是因何得名。陆游按：欧阳修《洛阳牡丹记》载有玉板白牡丹，产自福严院。彭州当地人说，福严紫也来自西京洛阳，被称为“旧紫花”。难道福严紫也是出自福严院吗？

禁苑黄，盖姚黄之别品也。其花闲淡高秀，可亚姚黄①。

【注释】

①亚：差一等。

【译文】

禁苑黄牡丹，可能是姚黄牡丹的别种吧。这种牡丹淡泊闲雅，高挺俊秀，比姚黄差一等。

【点评】

清人余鹏年《曹州牡丹谱》中记载菏泽有一种“禁院黄”牡丹，俗称“鲁府黄”。此品花色稍差于金轮牡丹，淡雅挺拔，端庄秀丽，据称是姚黄牡丹的别种。曹州当地人传说此花出自明鲁王府中。实际上明代分封在曹州的宗室只有钜野王朱泰墱和定陶王朱铨鑨，并

恽寿平《牡丹图》

没有鲁王。明太祖朱元璋封他的第十个儿子朱檀为鲁王，藩国封地在山东兖州。朱泰塳为朱元璋之曾孙，鲁靖王朱肇烨之嫡二子，宣德二年（1427）受封为钜野王，因此他是鲁宗之后。禁院黄可能是出自曹州钜野王园囿，以讹传讹为“鲁府黄”。或许曹州“禁院黄”与天彭“禁苑黄”是同一品种吧。

庆云黄①，花叶重复，郁然轮囷②，以故得名。

【注释】

①庆云：五色祥云。古代以为祥瑞之气。

②轮囷（qūn）：高大的样子。

【译文】

庆云黄牡丹，花瓣重叠繁复，茂盛高大，所以获得了庆云的名号。

【点评】

余鹏年《曹州牡丹谱》云：“庆云黄，质过御衣黄，色类丹州黄，而近萼处带浅红。昔人谓其郁然轮囷，兹则见其温润匀荣也。”菏泽的庆云黄牡丹品质上胜过御衣黄牡丹，颜色接近丹州黄，只是在靠近花萼的地方略带浅红色。只不过天彭的庆云黄是高大植株，茂盛繁密，而曹州的庆云黄却温润匀荣，可能是在传播引种的过程中花性发生了改变所致吧。

青心黄者，其花心正青，一本花往往有两品，或正圆如球，或层起成楼子，亦异矣。

【译文】

青心黄牡丹，它的花心呈正青色，一个植株上往往开出两种花头，有的齐整圆实像绣球，有的重叠堆垒长成楼子，这也算是天生禀异的品种啊。

元青花缠枝牡丹纹“萧何月下追韩信”瓶

黄气球者，淡黄檀心，花叶圆正，向背相承，敷腴可爱①。

【注释】

①敷腴（yú）：神采焕发的样子，后渐引用为形容花朵茂盛肥大。

【译文】

黄气球牡丹，淡黄檀心，花瓣圆实齐整，间背相承，茂盛硕大，惹人喜爱。

【点评】

余鹏年《曹州牡丹谱》记载：“金轮，肉红胎，近胎二层叶，胎下护枝叶俱肉红。茎挺出，花淡黄。间背相接，圆满如轮。其黄气毬之族欤？实异品也。”这种金轮牡丹与天彭黄气球非常相似，可能有较近的亲缘关系，或许是同一族类吧。

玉楼子者，白花，起楼高标①，逸韵自然②，是风尘外物③。

【注释】

①高标：木杪曰标，凡高耸事物皆可称为高标。后比喻高洁的品行。

②逸韵：安闲风韵。

③风尘：风起尘扬，天地浑浊，比喻世俗的扰攘。

【译文】

玉楼子牡丹，白色花朵，花瓣隆起，高耸超俗，花姿安闲自然，这真称得上是世俗以外的风物啊。

【点评】

玉楼子牡丹，白色花瓣，有光泽，瓣基部有紫红斑，楼子台阁型，亦称花彩瓣台阁型。下层花外瓣两轮，中有雄蕊瓣化瓣，雌蕊瓣化成绿色紫红色斑纹彩瓣。上层花有雄蕊瓣化瓣，呈不规则状，瓣间夹有一圈正常雄蕊，花丝紫红色。内层花瓣排列紧密。此花具有较浓郁的玫瑰香味，为晚花品种。植株高大成树，生长旺盛，萌芽力强，较耐阴，适应性强，着花量大，是天彭牡丹的著名古老品种之一。

刘师哥者[①]，白花，带微红，多至数百叶，纤妍可爱，莫知何以得名。

【注释】

①刘师哥：即周师厚《洛阳牡丹记》中的“刘师阁”。

【译文】

刘师哥牡丹，白色花朵，带点微红，花瓣多达数百片，纤柔妍丽，可人喜爱，但不晓得是从何得名。

【点评】

刘师哥牡丹，又称“刘斯哥”，本为洛阳牡丹之“刘师阁”品种，音讹为“刘师哥”。正因为发生了读音讹误，导致陆游不知道其名何所由来。此花白色中略带粉晕，开荷花型或皇冠型花朵，与菏泽所产赵粉牡丹比较相似。周师厚《洛阳牡丹记》载：“刘师阁，千叶浅红花也。开头可八、九寸许，无檀心。本出长安刘氏尼之阁下，因此得名。微带红黄色，如美人肌肉，然莹白温润，花亦端整。然不常开，率数年乃见一花耳。”周师厚所言“率数年乃见一花耳”，指的就是刘师阁牡丹若开好能呈皇冠型，平常只呈荷花型。

玉覆盂者，一名玉炊饼[①]，盖圆头白花也。

蒋廷锡《鹦鹉牡丹图》

【注释】

①炊饼：即蒸饼，也就是馒头。北宋仁宗赵祯时，因蒸与祯音近，时人避讳，呼蒸饼为炊饼。

【译文】

玉覆盂牡丹，又名玉炊饼，圆满花头，白色花朵。

碧花，止一品，名曰“欧碧”。其花浅碧，而开最晚。独出欧氏，故以姓著。

【译文】

碧色牡丹只有一个品种，名为欧碧。这种牡丹花色浅绿，开放的时间最晚，只有欧氏家出产此花，因此以姓氏著称。

【点评】

明代薛凤翔《亳州牡丹史》中称：“碧花谓欧碧者，或即佛头青也。”王象晋《群芳谱》载：“萼绿华，千叶楼子，大瓣，群花谢后始开。每瓣上有绿色，一名佛头青，一名鸭蛋青，一名绿蝴蝶，得自永宁王宫中。”据此，有人认为欧碧、佛头青、萼绿华、绿蝴蝶都是同一品种的不同称呼，是宋代的欧碧到明代改名所致。其实不然。明人夏之臣《评亳州牡丹》云：“至如佛头青为白花第一，此时极多，无难致。”夏之臣表述得非常明确，佛头青是白花牡丹，号称白花第一品第。实际上研究亳州牡丹的大家薛凤翔在谈到这一问题时，语气也并非十分肯定，只是说有人认为佛头青即是欧碧。

宋人张邦基《墨庄漫录》记载："洛阳花工宣和中以葯壅培白牡丹根下，次年花作浅碧色，号欧碧，岁贡禁府。"这只能是染色碧花，并不是真正的欧碧品种。明代时，绿牡丹比较贵重。据《花木考》云："正统四年闰二月十六日，天香圃牡丹一品变成绿色，凡开三朵，宪宗画其形色，咏之以诗。"此记载有误，明宪宗朱见深的年号是成化，正统乃其父明英宗朱祁镇的年号，且宪宗生于正统十一年，在时间上对应不当。因此，可能是明英宗看到牡丹开出绿色花朵，非常高兴，亲自图画赋诗，以兹纪念。又《燕都游览志》载："武清侯别业，额曰'清华园'，广十里。园中牡丹多异种，以绿蝴蝶为第一，开时足称花海。"这里的绿蝴蝶就是佛头青，是花瓣上带有绿色的牡丹品种，并不是真正的绿牡丹。薛凤翔《亳州牡丹史》载："更有绿花一种，色如豆绿，大叶，千层起楼，出自邓氏，真为异品，世所罕见。"这才是绿牡丹，但也不是欧碧。清代余鹏年《曹州牡丹谱》记有一种名为"雨过天青"的牡丹，俗称"补天石"，"白胎翠茎，花平头，房小，色微青，而开晚。或以欧碧当之。初旭才照，露华半稀，清香自含，流光俯仰，乃汝窑天青色也，率易以今名。"他也并不十分肯定"雨过天青"就是欧碧。可见，在宋以后，著名的欧碧牡丹极可能已经失传了。

大抵洛中旧品，独以姚、魏为冠。天彭则红花以状元红为第一，紫花以紫绣球为第一，黄花以禁苑黄为第一，白花以玉楼子为第一。然花户岁益培接，新特间出，将不特此而已。好事者尚屡书之。

【译文】

大致洛阳城中的既有牡丹品种，唯独以姚黄和魏花为魁首。彭州牡丹中，红色牡丹以状元红为第一，紫色牡丹以紫绣球为第一，黄色牡丹以禁苑黄为第一，白色牡丹以玉楼子为第一。然而花匠每年都加倍培植嫁接，新品奇品不时问世、牡丹品种将远不只这些罢了。雅好牡丹者还要不断谱录啊。

马元驭《花鸟图》册页

风俗记第三

天彭号小西京，以其俗好花，有京洛之遗风，大家至千本。花时，自太守而下，往往即花盛处，张饮帟幕[①]，车马歌吹相属，最盛于清明、寒食时。在寒食前者，谓之“火前花”，其开稍久。火后花则易落。最喜阴晴相半时，谓之“养花天”。栽接剶治[②]，各有其法，谓之“弄花”。其俗有“弄花一年，看花十日”之语。故大家例惜花，可就观，不敢轻剪，盖剪花则次年花绝少。

【注释】

①帟（yì）：张设在幄中用以承接尘土的小幕。

②剶（chuān）：修剪枝条。宛委山堂《说郛》本与《古今图书集成》本皆作“剔”。

【译文】

天彭之所以号称小西京，就是因为当地风俗喜好培植牡丹，有西京洛阳的遗风，大户人家可栽植千余株牡丹。每当牡丹开放时，自太守而下至平民百姓，大都到牡丹繁盛的地方，支张帷帐进行宴饮，车马相望于道，歌舞笙竽不绝于耳，人气最旺是在清明、寒食时节。在寒食前开放的牡丹称为“火前花”，这些花持续时间稍长。寒食以后开放的“火后花”，就容易凋落。牡丹生性最喜欢半阴半晴的天气，称为“养花天”。栽培嫁接，除草治病，各有各的章法，称为“弄花”。彭州俗语有“弄花一年，看花十日”的说法。因此大户人家向来珍惜牡丹品种，可以接近观赏，但不敢轻易剪掐分枝，因为剪枝的牡丹来年开花就会非常稀少。

【点评】

一般说来，四川地区特别是彭州栽培牡丹始于唐代。唐代王勃、杜甫等著名诗人都曾经写下吟诵彭州牡丹的诗作。唐高宗咸亨元年（670），王勃客寓（彭州）九陇，与县令柳太初同游丹景山赏牡丹，并赋诗一首，保存在《九陇县龙怀寺碑》中。其诗云：“丹溪漏日，碧洞栖烟。叶磴（dèng）三休，花巘（yán）四密。”九十余年以后，牡丹花香又吸引来诗圣杜甫，并留下伟大诗人与天彭牡丹的一段佳话。唐肃宗上元元年（760）三月，流寓成都的杜甫终于在众友人的帮助下建成草堂，安居下来。这时正值牡丹盛开时节，他应好友彭州刺史高适之邀，到彭州观赏牡丹。杜甫欣然接受邀请，专程从什邡去彭州，结果因河水暴涨，未能如愿，遂写下《天彭看牡丹阻水》一诗，表达怅惋之情。虽然现在已经无法在杜甫的传世作品中找到这一首诗，但此事却促成了他二次赴彭州看牡丹，终于如愿以偿。杜甫徜徉于连绵花海之中，沉醉于国色天香之美，远观近玩，诗兴大发，即兴写了著名的牡丹诗《花底》：“紫萼扶千蕊，黄须照万花。忽疑行暮雨，何事入朝霞。恐是潘安县，堪留卫玠车。深知颜色好，莫作委泥沙。”紫萼万花，黄须千蕊，描写的是彭州牡丹盛开时的千姿百态。“行暮雨”与“入朝霞”描摹出牡丹花海如雨后初霁般的彩霞，润泽绚丽，光艳照人。诗人欣赏如此美景，不禁对友人的盛意表示感谢，故以潘安、卫玠作比，咏叹花美、人美、友谊更淳美。最后作者联想到中原战乱频仍，与现在暂时安定的生活形成强烈对比，故而流露出“深知颜色好，莫作委泥沙”的惜花之情。全诗由富贵牡丹至此升华为忧国忧民的关怀，不愧是伟大爱国诗人杜甫的佳作！

惟花户则多植花以侔利①。双头红初出时，一本花取直至三十千②。祥云初出，亦直七、八千，今尚两千。州家岁常以花饷诸台及旁郡，蜡蒂筠篮③，旁午于道④。予客成都六年，岁常得饷，然率不能绝佳。淳熙丁酉岁，成都帅以善价私售于花户⑤，得数百苞，驰骑取之。至成都，露犹未晞。其大径尺，夜宴西楼下，烛焰与花相映发，影摇酒中，繁丽动人。

【注释】

①侔（móu）：相等；齐。《古今图书集成》本作“谋”。

②取：宛委山堂《说郛》本与《古今图书集成》本皆作“最”，依文意当为“最”。

③筠(yún):竹子的青皮。

④旁午:交错,纷繁的样子。旁:通“傍”。

⑤成都帅:即范成大(1126—1193),字致能,号石湖居士,苏州吴县(今江苏苏州)人,南宋著名政治家和诗人。淳熙元年(1174)改知成都府,任四川制置使。淳熙丁酉岁,即南宋孝宗淳熙四年,公元1177年。

郎世宁《仙萼长春图》

【译文】

当时,天彭花匠大量培植牡丹是为了谋取利益。双头红刚出世时,一株牡丹最高价值达三万文钱。祥云牡丹刚出现时,也值七、八千文钱,现今尚且值两千文钱。彭州官府经常用牡丹犒赏州治下属和属县官吏,将牡丹用蜡封住花头,装在竹篮之中,送花使者交错频繁往来于官道之上。我在成都当官六年,每年常常得到花饷,然而大都不能长成绝伦佳品。淳熙丁酉年(1177),成都守帅范成大以高价向花匠私下购买,获得几百个花苞,派快马去彭州取花,等到成都时,花上的露水还没干呢。取来的牡丹花冠硕大,直径有一尺。当夜设宴于西楼下,烛光与牡丹相映成趣,花影摇曳于酒杯之中,真是繁华艳丽,妩媚动人啊。

【点评】

彭州花户栽种牡丹以获利起源于五代后蜀割据政权被北宋灭亡之时。据《蜀总志》记载:“蜀平,花散落民间,小东门外有张百花、李百花之号,皆培子分根,种以求利,每一本或获数万。”当时,牡丹主要分布在成都后蜀宫廷宣华院和彭州丹景山,还没有“飞入寻常百姓家”。但孟蜀灭亡以后，牡丹花散落到平民百姓家，开始大面积传播开来。小东门外的张百花、李百花是种花营利，养花谋生的佼佼者，他们通过播种繁殖和分根繁殖培养出的牡丹，有的名贵品种一株竟然能获利数万钱。其实，栽培牡丹以获利并不是两宋时期的特殊情况，明代北京的花户也曾通过催熟牡丹来获利。《帝京景物略》载：“右安门外草桥，其北土近泉，居人以种花为业。冬则温火暄之，十月中旬牡丹已进御矣。”谢肇淛《五杂俎》亦载：“朝廷进御，常有不时之花，然皆藏土窖中，四周以火逼之，故隆冬时即有牡丹花。计其工力，一本至数十金。”隆冬时节，北京气温较低，自然条件下根本无法看到牡丹开花。但花户通过人工温火暄热的方法，却催熟出美丽的牡丹，并进献给皇室，达到了冬日赏春花的惊异效果。当然，这种催熟技术非常复杂，需要耗费大量人工，故此“冬日牡丹”价值不菲，一株值数十金。

正因为天彭牡丹价贵难得，所以，早在后蜀时代牡丹就成为馈赠佳品。《复斋漫录》云：“孟蜀时，礼部尚书李昊每将牡丹花数枝分遗朋友，以兴平酥同赠，曰：‘俟花凋谢，即以酥煎食之，无弃浓艳。’其风流贵重如此。”将牡丹与兴平酥一起煎食，是非常雅致的生活享受，也足以证明牡丹的风流贵重。胡元质《牡丹谱》记载：“宋景文公祁帅蜀，彭州守朱君绰，始取杨氏园花凡十品以献。公在蜀四年，每花时按其名往取。彭州送花，遂成故事。”宋祁在镇守成都时，彭州长官朱绰从杨氏园选取最好的十种牡丹进献，受到了宋祁的青睐。十种牡丹之中，宋祁最喜欢一品名为“重锦被堆”者，因为其他园圃都没有这个品种。此后，每到牡丹开放时，宋祁都要派人按照花名到彭州索花。于是，彭州进献牡丹遂成为定例。

嗟乎！天彭之花，要不可望洛中[①]，而其盛已如此。使异时复两京[②]，王公将相筑园第以相夸尚，予幸得与观焉，其动荡心目，又宜何如也！明年正月十五日[③]，山阴陆游书。

【注释】

①要：总，总要。

②两京：指北宋设立的东京汴梁、西京洛阳。

③明年：第二年。文中即指淳熙五年戊戌，公元1178年。

【译文】

唉！天彭牡丹，总括来说虽然不能与洛阳牡丹相媲美，但是其繁盛就已经达到如此程度了！假使将来（收复故土）恢复两京，王公将相建府筑园来互相夸耀，我很荣幸地能够参与观赏的话，那心潮澎湃，欢愉悦目的场景，又该是多么美好啊！第二年（淳熙五年）正月十五日，山阴人陆游撰写。

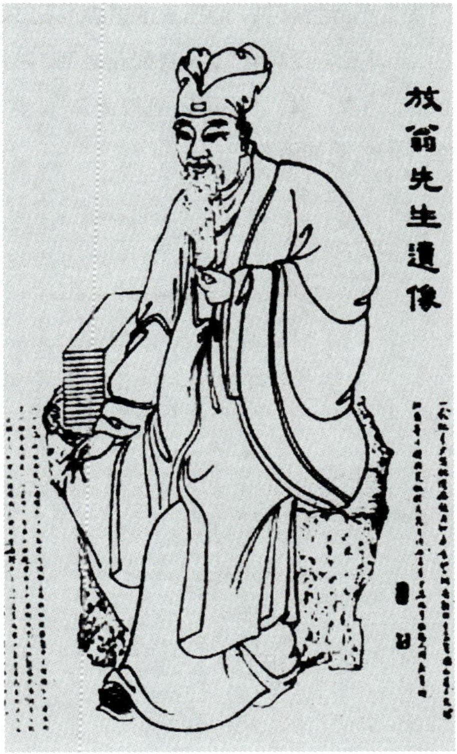

石刻陆游像

【点评】

“为爱名花抵死狂”的陆游是我国历史上赏花爱花的大家，称其为花痴花狂，诚不为过也。他爱梅花，“何方可化身千亿，一树梅花一放翁”，爱到把自己化身为千亿梅花，又曾经为成都城西青羊宫浣花溪二十里“梅花醉似泥”。他爱海棠，有“若使海棠根可移，扬州芍药应羞死”之句，曾“走马碧鸡坊里去”，感受那“市人唤作海棠颠”的盛景。陆游更喜爱天彭牡丹，乃至离别蜀中多年以后，在故乡绍兴仍然对天彭牡丹念念不忘，为之魂牵梦萦。他在《忆天彭牡丹之盛有感》诗中云：“常记天彭送牡丹，祥云径尺照金盘。岂知身老农桑野，一朵妖红梦里看。”从诗中可知，陆游最喜欢的牡丹品种是“矜夸传万里，盈尺岂如今”的祥云牡丹，她那云朵之态，娇艳之姿，撩拨得诗人

“贪看不辞持夜烛，倚狂直欲擅春风”。如此还嫌不足，诗人已经爱花若狂，“衰翁不减少年狂，走马直与飞蝶竞”，投身繁花之海，融入忘我之境。此时此刻，人与花卉，人与植物，人与自然，通灵一体，“不语还应彼此知”。这恐怕就是千百年来，中国“植物写作”一脉相承带给我们的精神涵养吧！